平法制图的钢筋加工下料计算

高 竞　高韶明　高韶萍　高 原　著

高克中　主审

中国建筑工业出版社

图书在版编目（CIP）数据

平法制图的钢筋加工下料计算/高竞等著. —北京：中国建筑工业出版社，2004
ISBN 978-7-112-07008-4

Ⅰ．平… Ⅱ．高… Ⅲ．钢筋混凝土结构—钢筋计算 Ⅳ．TU375.01

中国版本图书馆CIP数据核字（2004）第119279号

本书共10章。前两章介绍钢筋计算的基本概念和基本公式的推导。第三、四章是箍筋与拉筋的计算，包括圆柱面螺旋箍筋的长度计算。第五、六、七章对梁柱截面中的局部箍筋、变截面箍筋和多角形箍筋，均进行了化繁为简的公式法计算。第八、九、十章是讲解框架和剪力墙中的钢筋计算。全书都是对照着图来讲解，且辅以足够的习题，藉以加深理解。

本书可做为培养高级建筑技师的学习参考书，也可供建筑工程监理人员、预算员、建造师、造价师和土建类大专院校师生参考。

责任编辑：张梦麟
责任设计：刘向阳
责任校对：刘 梅 张 虹

平法制图的钢筋加工下料计算
高 竞 高韶明 高韶萍 高 原 著
高克中 主审

*

中国建筑工业出版社出版、发行（北京西郊百万庄）
各地新华书店、建筑书店经销
北京嘉泰利德公司制版
世界知识印刷厂印刷

*

开本：787×1092毫米 1/16 印张：13¾ 字数：327千字
2005年1月第一版 2011年7月第十四次印刷
印数：43001—44500册 定价：22.00元
ISBN 978-7-112-07008-4
（12962）

版权所有 翻印必究
如有印装质量问题，可寄本社退换
（邮政编码 100037）
本社网址：http://www.cabp.com.cn
网上书店：http://www.china-building.com.cn

前　言

平法制图是指按"平面整体表示方法制图规则所绘制的结构构造详图"的简称。这是当前国际上通用的方法，随着国际间交往的增多，我国亦采用了此种方法并依此颁发了标准构造详图，用于结构施工详图中。但其中的钢筋尺寸或钢筋材料明细表的尺寸是不能直接拿来下料的。否则一个工程下来，是会造成很大浪费的。当前国内房屋开发中，混凝土框架和剪力墙结构所占比重甚大，钢筋工程显得尤为重要，钢筋下料对工程效益的影响则是举足轻重的。但当前能熟练地运用平法制图下料的人员为数不多，为满足培养高级下料技工的需要，本人结合近两年来开发钢筋下料软件积累的资料，经加工整理编成此书。已开发的软件为《平法框架钢筋自动下料计算》、《平法剪力墙钢筋自动下料计算》、《非矩形钢筋自动下料计算》和《普通钢筋自动下料计算》（见本书附录3）。

本书按教科书的形式编写，前两章以讲述计算钢筋概念、基本原理和计算式为主，后八章则是结合平法制图表示的框架梁、柱和剪力墙中各种钢筋，讲述钢筋下料计算。书中插入大量示意图和立体图，帮助读者明了图意。每章附有练习题以增强理解。此外，附录中载有非平法制图常用钢筋计算图表及钢筋快速图算表。

写这本书时，恰好是我写《建筑工人速成看图》（由原建筑工程部、中华全国总工会、中华全国科学普及协会联合推广的教材）的五十周年。今天，又逢改革开放的经济建设高潮，建筑行业急需培养一大批高级技师，鉴于目前尚无专门阐述钢筋下料的图书，尤其是平法制图钢筋下料的书籍，更有急切需求，是以写成此书。参加本书执笔的有高竞、高韶明、高原、白晶、高韶萍、高韶君、杜秀兰；高克中担任主审。

书中的计算及论述如与国家规范、标准、规则有不一致之处，当以国家规范、标准、规则为准。由于水平所限，加上年事已高，错误在所难免，望请读者贤达指正。

哈尔滨工业大学
高　竞（犹龙，长仲）
时年七十八岁，2004年3月

目　录

第一章　概述 ………………………………………………………………… 1
- 第一节　平法制图的概念 …………………………………………………… 1
- 第二节　钢筋下料长度计算概念 …………………………………………… 2
- 第三节　钢筋设计尺寸和施工下料尺寸 …………………………………… 4
- 练习一 ………………………………………………………………………… 6

第二章　基本公式 …………………………………………………………… 7
- 第一节　差值种类 …………………………………………………………… 7
- 第二节　外皮差值公式推导 ………………………………………………… 8
- 第三节　内皮差值公式推导 ………………………………………………… 10
- 第四节　中心线法计算弧线展开长度 ……………………………………… 11
- 第五节　弯曲钢筋差值表 …………………………………………………… 16
- 第六节　钢筋端部弯钩尺寸 ………………………………………………… 17
- 练习二 ………………………………………………………………………… 22

第三章　箍筋 ………………………………………………………………… 23
- 第一节　箍筋概念 …………………………………………………………… 23
- 第二节　根据箍筋的内皮尺寸计算钢筋下料尺寸 ………………………… 23
- 第三节　根据箍筋的外皮尺寸计算钢筋下料尺寸 ………………………… 27
- 第四节　根据箍筋的中心线尺寸计算钢筋下料尺寸 ……………………… 31
- 第五节　计算柱面螺旋线形箍筋的下料尺寸 ……………………………… 33
- 第六节　圆环形封闭箍筋 …………………………………………………… 37
- 第七节　箍筋算例 …………………………………………………………… 38
- 练习三 ………………………………………………………………………… 49

第四章　拉筋 ………………………………………………………………… 50
- 第一节　拉筋的样式及其计算 ……………………………………………… 50
- 第二节　拉筋端钩形状的变换 ……………………………………………… 55
- 练习四 ………………………………………………………………………… 66

第五章　梁柱截面中间局部箍筋 …………………………………………… 68
- 第一节　梁柱截面中间局部箍筋的概念 …………………………………… 68
- 第二节　横向局部箍筋计算 ………………………………………………… 70
- 第三节　竖向局部箍筋计算 ………………………………………………… 73
- 练习五 ………………………………………………………………………… 85

第六章　变截面构件箍筋 …………………………………………………… 87
- 第一节　变截面悬挑梁箍筋 ………………………………………………… 87

第二节　变截面加腋梁箍筋 ·· 97
　　练习六 ··· 101

第七章　多角形箍筋 ··· 102
　　第一节　多角形箍筋的概念 ··· 102
　　第二节　菱形箍筋 ··· 103
　　第三节　六角形箍筋 ··· 107
　　第四节　Pb、Ph 法计算八角形箍筋 ··· 113
　　第五节　喇叭形箍筋 ··· 118
　　练习七 ··· 129

第八章　框架梁中纵向钢筋下料长度计算 ··· 130
　　第一节　梁中钢筋概述 ··· 130
　　第二节　贯通筋的加工、下料尺寸 ··· 131
　　第三节　边跨上部直角筋的加工、下料尺寸 ······································· 134
　　第四节　中间支座上部直筋的加工、下料尺寸 ····································· 138
　　第五节　边跨下部跨中直角筋的加工、下料尺寸 ··································· 139
　　第六节　中间跨下部筋的加工、下料尺寸 ··· 142
　　第七节　边跨和中跨搭接架立筋的下料尺寸 ······································· 146
　　第八节　角部附加筋的加工、下料尺寸及其余钢筋计算 ······························· 148
　　练习八 ··· 148

第九章　框架柱中竖向钢筋下料长度计算 ··· 149
　　第一节　框架柱中钢筋的加工和下料尺寸计算的概念 ······························· 149
　　第二节　中柱顶筋的加工和下料尺寸计算 ··· 154
　　第三节　边柱顶筋的加工和下料尺寸计算 ··· 159
　　第四节　角柱顶筋的加工和下料尺寸计算 ··· 167
　　练习九 ··· 177

第十章　剪力墙中的分布筋计算 ··· 179
　　第一节　剪力墙中的箍筋概念 ··· 179
　　第二节　剪力墙边墙墙身竖向分布筋 ··· 180
　　第三节　剪力墙暗柱竖向筋 ··· 185
　　第四节　连梁 ··· 188
　　第五节　剪力墙水平分布筋 ··· 190
　　练习十 ··· 197

附录1　非平法图常用钢筋计算 ··· 199
附录2　柱箍筋的诺模图算法 ··· 207
附录3　与本书有关的软件介绍 ··· 209
参考文献 ··· 212

第一章 概 述

第一节 平法制图的概念

"平法制图"是混凝土结构施工图中"平面整体表示方法制图规则"的图示方法简称。它是目前设计框架、剪力墙等混凝土结构施工图的通用图示方法。

一、"平法制图"与传统的图示方法之间的区别

1. 如框架图中的梁和柱,在"平法制图"中的钢筋图示方法,施工图中只绘制梁、柱平面图,不绘制梁、柱中配置钢筋的立面图(梁不画截面图;而柱在其平面图上,只按编号不同各取一个在原位放大画出带有钢筋配置的柱截面图)。

2. 传统的框架图中梁和柱,既画梁、柱平面图,同时也绘制梁、柱中配置钢筋的立面图及其截面图;但在"平法制图"中的钢筋配置,省略不画这些图,而是去查阅《混凝土结构施工图平面整体表示方法制图规则和构造详图》。

3. 传统的混凝土结构施工图,可以直接从其绘制的详图中读取钢筋配置尺寸,而"平法制图"则需要查找相应的详图——《混凝土结构施工图平面整体表示方法制图规则和构造详图》中相应的详图,而且,钢筋的配置尺寸和大小尺寸,均以"相关尺寸"(跨度、锚固长度、搭接长度、钢筋直径等)为变量的函数来表达,而不是具体数字。藉此用来实现其标准图的通用性。概括地说,"平法制图"简化了混凝土结构施工图的内容。

4. 柱与剪力墙的"平法制图",均以施工图列表注写方式,表达其相关规格与尺寸。

5. "平法制图"中的突出特点,表现在梁的"集中标注"和"原位标注"上。"集中标注"是从梁平面图的梁处引铅垂线至图的上方,注写梁的编号、跨数、挑梁类型、截面尺寸、箍筋直径、箍筋间距、箍筋肢数、通长筋的直径和根数、梁侧面纵向构造钢筋或受扭钢筋的直径和根数等。如果"集中标注"中有通长筋时,则"原位标注"中的负筋数包含通长筋的数。"原位标注"概括地说分两种:标注在柱子附近处,且在梁上方,是承受负弯矩的箍筋直径和根数,其钢筋布置在梁的上部。标注在梁中间且下方的钢筋,是承受正弯矩的,其钢筋布置在梁的下部。

6. 在传统的混凝土结构施工图中,计算斜截面的抗剪强度时,在梁中配置45°或60°的弯起钢筋。而在"平法制图"中,梁不配置这种弯起钢筋。其斜截面的抗剪强度,由加密的箍筋来承受。

二、本书着眼的重点

1. 为配合"平法制图"在设计图中的广泛采用,本书特意为"平法制图"中钢筋加工形状和尺寸为例，阐明框架、剪力墙的各类钢筋的计算原理，并辅以大量典型示范计算例题，帮助读者消化理解。

2. 本书通过"平法制图"中钢筋例题，所阐明的钢筋加工计算原理，适用于所有混凝土结构施工图的钢筋加工计算。

第二节　钢筋下料长度计算概念

一、结构施工图中的钢筋尺寸

结构施工图中所标注的钢筋尺寸，是钢筋的外皮尺寸。它和钢筋的下料尺寸，不是一回事。

钢筋材料明细表　　　　　　　　　　　　　　　表 1-1

钢筋编号	简图	规格	数量
①	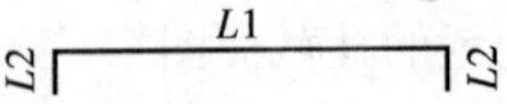 L2 ⌐——L1——⌐ L2	φ22	2

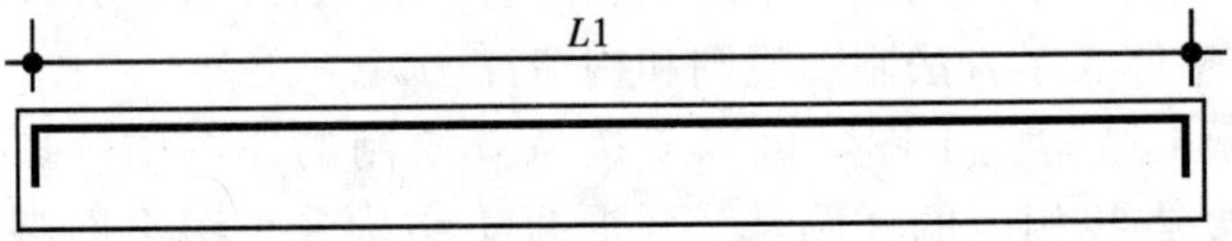

图 1-1

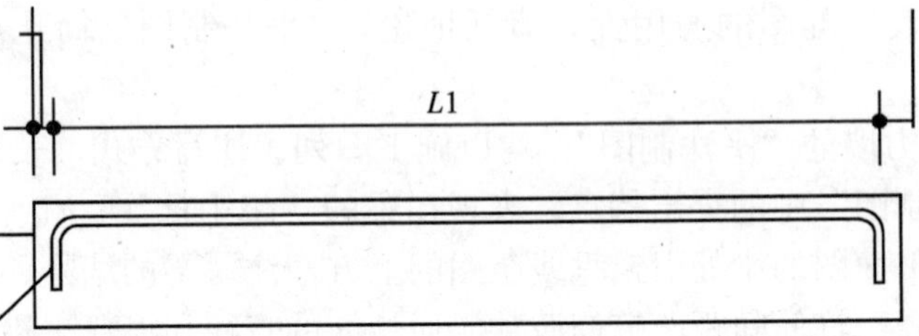

图 1-2

钢筋材料明细表（表 1-1）中简图栏的钢筋长度 $L1$，即图 1-1 所示。这个尺寸 $L1$，是出于构造的需要标注的。所以钢筋材料明细表中所标注的尺寸，就是这个尺寸。通常情况下，钢筋的边界线是从钢筋外皮到混凝土外表面的距离——保护层来考虑标注钢筋尺寸的。也可以这样说，这里的 $L1$ 是设计尺寸，不是钢筋加工下料的施工尺寸，见图 1-2。

切记住，钢筋混凝土结构图中标注的钢筋尺寸，是设计尺寸，不是下料尺寸。这里要指明的就是简图栏的钢筋长度 $L1$ 不能直接拿来下料的。

二、钢筋下料长度计算假说

钢筋加工变形以后，钢筋中心线的长度是不改变的。

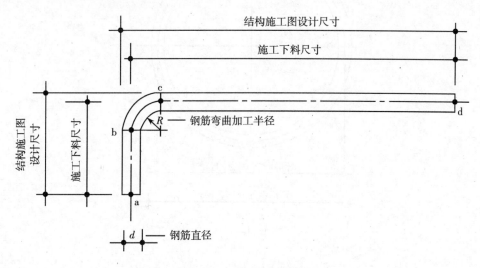

图 1-3

如图 1-3 所示，结构施工图上所示受力主筋的尺寸界限，是钢筋的外皮。实际上，钢筋加工下料的施工尺寸为：

$$ab + bc + cd$$

ab 为直线段；bc 线段为弧线；cd 为直线段。另外，箍筋的设计尺寸，通常是采用内皮标注尺寸的方法。不过，这也是从设计方便出发采用的。

三、钢筋下料长度计算的指导思想

计算钢筋下料长度，就是计算钢筋中心线的长度。钢筋下料长度计算的指导思想，是以科学、安全、质量、经济和施工方便为原则的。

钢筋工程是在框架和剪力墙结构施工中，技术性要求很高的工程，它极大地影响工程的质量。而且，成本所占比重也是很高的。

四、差值的加工意义

钢筋材料明细表的简图中，所标注外皮尺寸之和，大于钢筋中心线的长度。它所多出来的数值，就是差值。可用下式表示：

$$钢筋外皮尺寸之和 - 钢筋中心线的长度 = 差值$$

根据外皮尺寸所计算出来的差值，须乘以负号"一"后再运算。

1. 对于标注内皮尺寸的钢筋，其差值，随角度的不同，可能是正，也可能是负。
2. 对于围成圆环的钢筋，内皮尺寸就小于钢筋中心线的长度。所以，它不是负值，如图 1-4 所示。

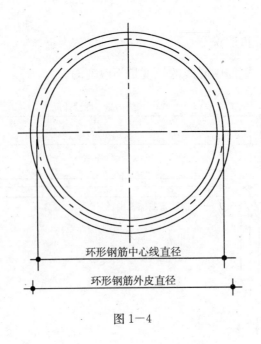

图 1—4

第三节 钢筋设计尺寸和施工下料尺寸

一、同样长梁中的有加工弯折的钢筋和直形钢筋

参看图 1—5、图 1—6。

图 1—5　　　　　　　　　　　图 1—6

虽然图 1—5 中的钢筋和图 1—6 中的钢筋，两端都有相同距离的保护层，但是它们的中心线的长度并不相同。现在把它们的端部放大来看就清楚了。

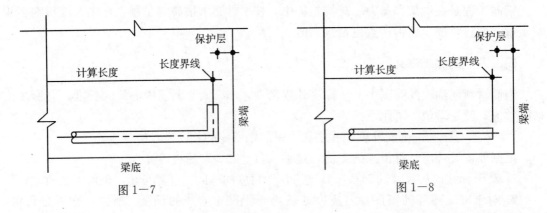

图 1—7　　　　　　　　　　　图 1—8

看过图 1—7 和图 1—8，经过比较就清楚多了。图 1—7 中右边钢筋中心线到梁端的距离，是保护层加二分之一钢筋直径。考虑两端的时候，其中心线长度要比图 1—8 中的短了一个直径。

二、大于90°、小于或等于180°弯钩的设计标注尺寸

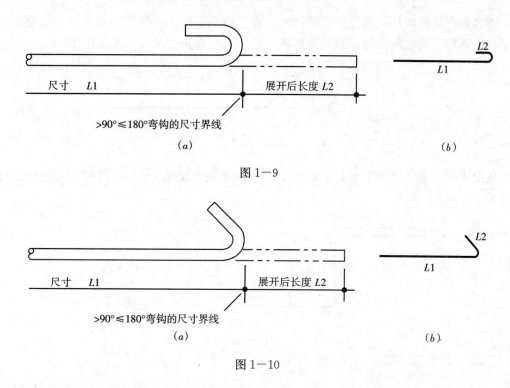

图 1-9

图 1-10

图1-9通常是结构设计尺寸的标注方法,也常与保护层有关;图1-10常用在拉筋的尺寸标注上。

三、内皮尺寸

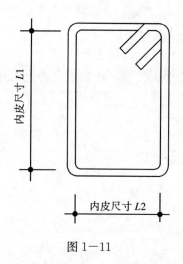

图 1-11

梁和柱中的箍筋,通常用内皮尺寸标注,这样便于设计。因为梁、柱截面的高、宽尺

寸，各减去保护层厚度，就是箍筋的高、宽内皮尺寸。见图1—11。

四、用于30°、60°、90°斜筋的辅助尺寸

遇到有弯折的斜筋，需要标注尺寸时，除了沿斜向标注它的外皮尺寸外，还要把斜向尺寸当作直角三角形的斜边，而另外标注出它的两个直角边的尺寸。见图1—12。

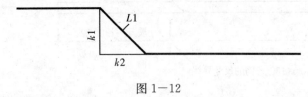

图1—12

从图1—12上，并看不出是不是外皮尺寸。如果再看图1—13，就可以知道它是外皮尺寸了。

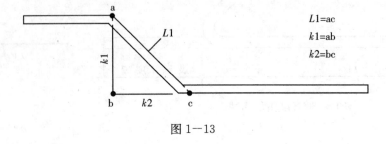

图1—13

练 习 一

1. 结构施工图中所标注的钢筋尺寸，和钢筋的下料尺寸，是不是一回事？
2. 钢筋下料长度计算假说，是指什么说的？
3. 梁端部不带钩的通长筋，与端部带钩的通长筋，它们的外皮尺寸是否一样？为什么？
4. 梁端部钩上标注的钢筋尺寸，是代表什么尺寸？
5. 斜筋的辅助尺寸是代表外皮尺寸，还是代表内皮尺寸？

第二章 基本公式

第一节 差值种类

前面讲过，结构施工图上所标注的钢筋长度尺寸，与钢筋加工下料的长度尺寸之间的差，叫做"差值"。差值通常是负值，但是，也有时是正值。差值分为外皮差值和内皮差值两种。

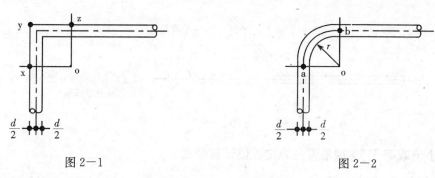

图 2-1　　　　　　　　　　　　　图 2-2

一、外皮差值

图 2-1 是结构施工图上 90°弯折处的钢筋，它是沿外皮 xy+yz 衡量尺寸的；而图 2-2 弯曲处的钢筋，则是沿钢筋的中和轴（钢筋被弯曲后，既不伸长也不缩短的钢筋中心轴线）ab 弧线的弧长。因此，折线 xy+yz 长度与弧线的弧长 ab 之间的差值，称为"外皮差值"。xy+yz＞ab。外皮差值通常用于受力主筋弯曲加工下料计算。

二、内皮差值

图 2-3 是结构施工图上 90°弯折处的钢筋，它是沿内皮（xy+yz）衡量尺寸的；而图 2-4 弯曲处的钢筋，则是沿钢筋的中和轴弧线 ab 衡量尺寸的。因此，折线（xy+yz）长度与弧线的弧长 ab 之间的差值，称为"内皮差值"。（xy+yz）＞ab。内皮差值通常用于箍

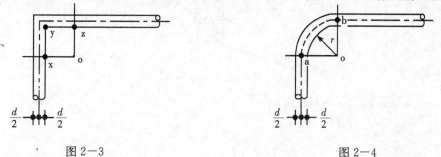

图 2-3　　　　　　　　　　　　　图 2-4

筋弯曲加工下料计算。即 90°内皮折线（xy＋yz）仍然比弧线 ab 长。

第二节　外皮差值公式推导

一、角度基准

钢筋弯曲前的原始状态——笔直的钢筋，弯折以前为零度。这个零度的钢筋轴线，就是"角度基准"。

如图 2－5 所示，部分弯折后钢筋轴线，与弯折以前的钢筋轴线（点划线），所夹成的角度就是加工弯曲角度。

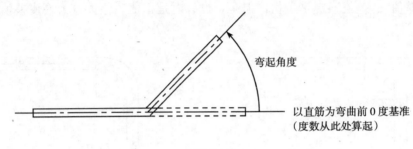

图 2－5

二、小于或等于 90°钢筋弯曲外皮差值计算公式

图 2－6 是推导等于或小于 90°弯曲加工钢筋时，计算差值的例子。钢筋的直径大小为 d；钢筋弯曲的加工半径为 R。钢筋加工弯曲后，钢筋内皮 p、q 间弧线，就是以 R 为半径的弧线。

题设钢筋弯折的角度为 $\alpha°$。

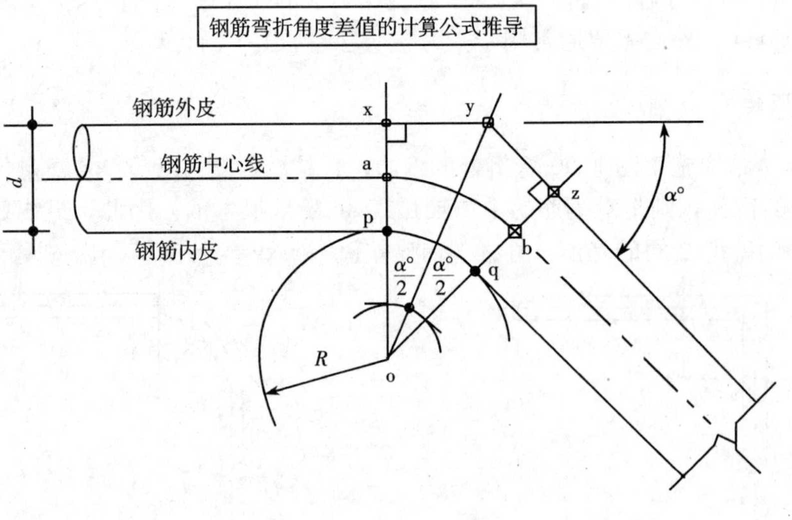

图 2－6

解：

自 o 点引线垂直交水平钢筋外皮线于 x 点，再从 o 点引线垂直交倾斜钢筋外皮线于 z 点。∠xoz 等于 α°。oy 平分∠xoz，得到两个 α°/2。

前面讲过，钢筋加工弯曲后，钢筋中心线的长度是不会改变的。xy 加 yz 之和的展开长度，同弧线展开的长度之差，就是所求的差值。

$$\overline{XY}=\overline{YZ}=(R+d)\times tg\frac{\alpha°}{2}$$

$$\overline{XY}+\overline{YZ}=2\times(R+d)\times tg\frac{\alpha°}{2}$$

$$\widehat{AB}=\left(R+\frac{d}{2}\right)\times\alpha$$

$$\overline{XY}+\overline{YZ}-\widehat{AB}=2\times(R+d)\times tg\frac{\alpha°}{2}-\left(R+\frac{d}{2}\right)\times\alpha$$

以角度 α°、弧度 α 和 R 为变量计算外皮差值公式：$\boxed{2\times(R+d)\times tg\frac{\alpha°}{2}-\left(R+\frac{d}{2}\right)\times\alpha}$ (2-1)

α°——角度

α ——弧度

α 为弧度，α° 为角度，注意区别。

用角度 α° 换算弧度 α 的公式：

$$弧度=\pi\times角度/180° \tag{2-2}$$

（即 $\alpha=\pi\times\alpha°/180°$）

公式（2-1）中也可以包含把角度换算成弧度公式，如公式（2-3）：

$$\boxed{2\times(R+d)\times tg\frac{\alpha°}{2}-\left(R+\frac{d}{2}\right)\times\pi\times\frac{\alpha°}{180°}} \tag{2-3}$$

三、钢筋加工弯曲半径的设定

常用钢筋加工弯曲半径 R 表　　　　　　　　　　　　　　　表 2-1

钢筋用途	钢筋加工弯曲半径 R
HPB235 级[①]箍筋、拉筋	2.5 倍箍筋直径 d 且＞主筋直径/2
HPB235 级[①]主筋	≥1.25 倍钢筋直径 d
HRB335 级[①]主筋	≥2 倍钢筋直径 d
HRB400 级[①]主筋	≥2.5 倍钢筋直径 d
平法框架主筋直径 d≤25mm	4 倍钢筋直径 d
平法框架主筋直径 d＞25mm	6 倍钢筋直径 d
平法框架顶层边节点主筋直径 d≤25mm	6 倍钢筋直径 d
平法框架顶层边节点主筋直径 d＞25mm	8 倍钢筋直径 d
轻骨料混凝土结构构件 HPB235 级主筋	≥3.5 倍钢筋直径 d

①HPB235、HRB335、HRB400 就是工地上习惯说的Ⅰ级、Ⅱ级和Ⅲ级钢筋。

【例 2-1】 图 2-7 为钢筋表中的简图。并且已知钢筋是非框架结构构件 HPB235 级主筋，直径 d=22mm。求钢筋加工弯曲前，所需备料切下的实际长度。

```
         6500
   300 ┤        ├ 300
```

图 2-7

解：

1. 查表 2-1，得知钢筋加工弯曲半径 $R=1.25$ 倍钢筋直径 $d=22\text{mm}$；
2. 由图 2-7 知，$\alpha°=90°$；
3. 计算与 $\alpha°=90°$ 相对应的弧度值 $\alpha=\pi\times 90°/180°=1.57$；
4. 将 $R=1.25d$、$d=22$、角度 $\alpha°=90°$ 和弧度 $\alpha=1.57$ 代入公式（2-1）中求一个 90°弯钩的差值为：

$$2\times(1.25\times 22+22)\times \text{tg}(90°/2)-(1.25\times 22+22/2)\times 1.57$$
$$=99\times 1-60.445$$
$$=38.555\text{mm}$$

5. 下料长度为：

$6500+300+300-2\times 38.555=7022.9\text{mm}$

第三节 内皮差值公式推导

一、小于或等于 90°钢筋弯曲内皮差值计算公式

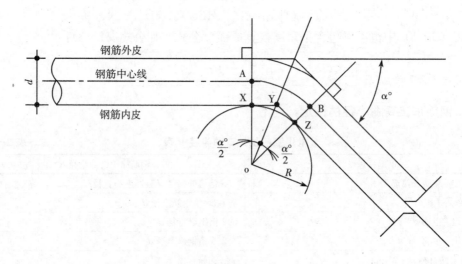

图 2-8

折线的长度　　　　　　$\overline{XY}=\overline{YZ}=R\times \text{tg}\dfrac{\alpha°}{2}$

二折线之和的展开长度　　$\overline{XY}+\overline{YZ}=2\times R\times \text{tg}\dfrac{\alpha°}{2}$

弧线展开长度　　　　　　$\overset{\frown}{AB}=\left(R+\dfrac{d}{2}\right)\times \pi \times \dfrac{\alpha°}{180°}$

以角度α和R为变量计算内皮差值公式：

$$\overline{XY}+\overline{YZ}-\overparen{AB}=2\times R\times \mathrm{tg}\frac{\alpha°}{2}-\left(R+\frac{d}{2}\right)\times\pi\times\frac{\alpha°}{180°} \quad (2-4)$$

【例2—2】图2—9为钢筋表中的简图。并且已知钢筋是非框架结构构件HPB235级主筋，直径$d=22\mathrm{mm}$。求钢筋加工弯曲前，所需备料切下的实际长度。

解：

1. 查表2—1，得知钢筋加工弯曲半径$R=1.25$倍钢筋直径$d=22\mathrm{mm}$；

图2—9

2. 由图2—9知，$\alpha°=90°$；

3. 计算α的弧度值$=90°\times\pi/180°=1.57$；

4. 将$R=1.25d$、$d=22$、"$\alpha°$"$=90°$和弧度$\alpha=1.57$代入公式2—4中求一个90°弯钩的差值

$2\times 1.25d\times \mathrm{tg}(90°/2)-(1.25d+d/2)\times 1.57$

$=2.5d-1.75d\times 1.57$

$=55-38.5\times 1.57$

$=5.445\mathrm{mm}$

5. 下料长度为：

$6456+278+278-2\times 5.445$

$=6456+278+278-10.89$

$=7001.11\mathrm{mm}$

第四节　中心线法计算弧线展开长度

一、180°弯钩弧长

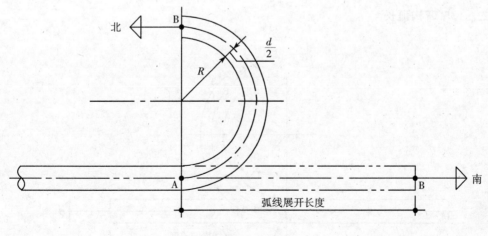

图2—10

180°弯钩的展开弧线长度，也可以把它看成是由两个90°弯钩组合而成。

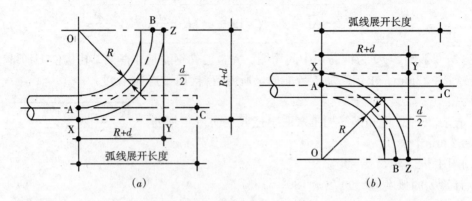

图 2-11

参看图 2-11，仍可以按照"外皮法"计算，结果是一样的。相当于把图 2-11（a）和图 2-11（b）加起来。它们都是：

$$\text{外皮法 180°弯钩弧长} = 4 \times (R+d) - 2 \times \text{差值} \tag{2-5}$$

结果是一样。

参看图 2-10，"用中心线法"计算 180°弯钩的钢筋长度时，则

$$\text{中心线法 180°弯钩弧长} = (R + d/2) \times \pi \tag{2-6}$$

验算：设 $d=10\text{mm}$；$R=2.5d$；差值 $=2.288d$。试用公式（2-5）、（2-6）分别计算之。

公式（2-5）外皮差值法：

$4 \times (2.5 \times 10 + 10) - 2 \times 2.288 \times 10 = 94.24\text{mm}$

公式（2-6）中心线法：

$(2.5 \times 10 + 10/2) \times \pi = 94.24\text{mm}$

计算结果证明两法一致。

二、135°弯钩弧长

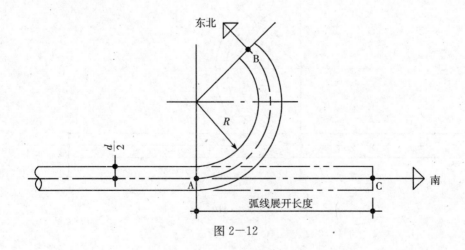

图 2-12

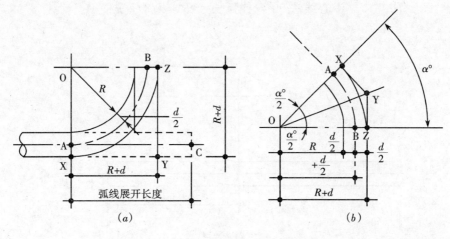

图 2—13

135°弯钩的展开弧线长度，也可以把它看成是由一个 90°弯钩和一个 45°弯钩的展开弧线长度组合而成。参看图 2—12，仍可以按照"外皮法"计算，结果是一样的。相当于把图 2—13（a）和图 2—13（b）加起来。

为了便于比较，这里还是先按照"外皮法"计算。

设箍筋 $d=10\text{mm}$；$R=2.5d$；差值 $=2.288d$。

外皮法：

1. 计算图 2—13（a）部分，$\alpha°=45°$。

   $2\times(R+d)\times\text{tg}(\alpha°/2)-0.543d$

   $=2\times(2.5\times10+10)\times\text{tg}(45°/2)-0.543\times10$

   $=70\times0.414-5.43$

   $=23.55\text{mm}$

2. 计算图 2—13（b）部分，$\alpha°=90°$。

   $2\times(R+d)\times\text{tg}(90°/2)-2.288d$

   $=2\times(2.5\times10+10)\times1-2.288\times10$

   $=70-22.88$

   $=47.12\text{mm}$

3. $23.55+47.12=70.67\text{mm}$

中心线法：

$(R+d/2)\times\pi\times135°/180°$

$=(2.5\times10+10/2)\times\pi\times3/4$

$=70.68\text{mm}$

135°弯钩的展开弧线长度的中心线法公式：

$$\text{中心线法 135°弯钩弧长}=(R+d/2)\times\pi\times3/4 \qquad (2-7)$$

三、90°弯钩的展开弧线长度的中心线法公式

由图 2—14 可得：

$$\text{中心线法 } 90°\text{弯钩弧长} = (R + d/2) \times \pi/2 \tag{2-8}$$

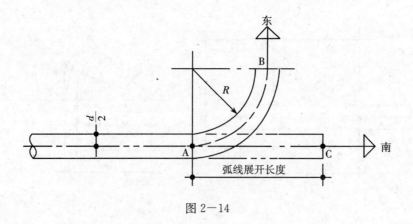

图 2-14

四、60°弯钩的展开弧线长度的中心线法公式

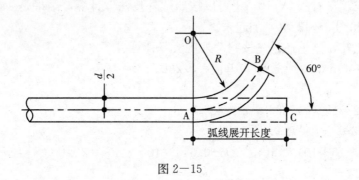

图 2-15

由图 2-15 可得：

$$\text{中心线法 } 60°\text{弯钩弧长} = (R + d/2) \times \pi/3 \tag{2-9}$$

五、45°弯钩的展开弧线长度的中心线法公式

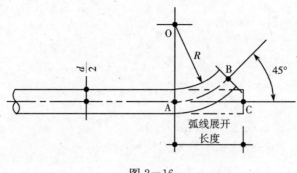

图 2-16

由图2—16可得：
$$45°弯钩的展开弧线长度=(R+d/2)×\pi/4 \quad (2-10)$$

六、30°弯钩的展开弧线长度的中心线法公式

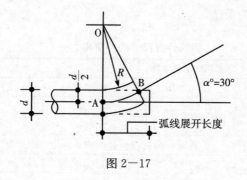

图2—17

由图2—17可得：
$$30°弯钩的展开弧线长度=(R+d/2)×\pi/6 \quad (2-11)$$

七、圆环的展开弧线长度的中心线法公式

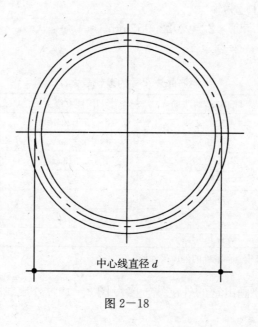

图2—18

由图2—18可得：
$$圆环的展开弧线长度=d×2\pi \quad (2-12)$$

15

第五节 弯曲钢筋差值表

一、标注钢筋外皮尺寸的差值表

外皮尺寸的差值，均为负值。

钢筋外皮尺寸的差值表之一　　　　　　　　　　　　　　　　表 2—2

弯曲角度	箍筋	HPB235 级主筋	平法框架主筋		
	$R=2.5d$	$R=1.25d$	$R=4d$	$R=6d$	$R=8d$
30°	$0.305d$	$0.29d$	$0.323d$	$0.348d$	$0.373d$
45°	$0.543d$	$0.49d$	$0.608d$	$0.694d$	$0.78d$
60°	$0.9d$	$0.765d$	$1.061d$	$1.276d$	$1.491d$
90°	$2.288d$	$1.751d$	$2.931d$	$3.79d$	$4.648d$
135°	$2.831d$	$2.24d$	$3.539d$	$4.484d$	$5.428d$
180°	$4.576d$	$3.502d$			

注意：(1) 135°和180°的差值必须具备准确的外皮尺寸值；
　　　(2) 平法框架主筋 $d \leqslant 25mm$ 时，$R=4d$ (6d)；$d>25mm$ 时，$R=6d$ (8d)。括号内为顶层边节点要求。

根据表2—2中HPB235级主筋180°外皮尺寸的差值，回过头来把例2—1的图2—7验算一下。它的下料尺寸应为

6500＋300＋300－3.502×22＝7022.955mm

结果与例2—1的计算答案一样。

钢筋外皮尺寸的差值表之二　　　　　　　　　　　　　　　　表 2—3

弯曲角度	HRB335 级主筋	HRB400 级主筋	轻骨料中 HPB235 级主筋
	$R=2d$	$R=2.5d$	$R=1.75d$
30°	$0.299d$	$0.305d$	$0.296d$
45°	$0.522d$	$0.543d$	$0.511d$
60°	$0.846d$	$0.9d$	$0.819d$
90°	$2.073d$	$2.288d$	$1.966d$
135°	$2.595d$	$2.831d$	$2.477d$
180°	$4.146d$	$4.576d$	$3.932d$

注意：135°和180°的差值必须具备准确的外皮尺寸值

135°的弯曲差值，要画出它的外皮线。参见图2—19，外皮线的总长度为

wx＋xy＋yz

下料长度为

wx＋xy＋yz－135°的差值

如按图2—19推导算式时，则

90°弯钩的展开弧线长＝2×(R＋d)＋2×(R＋d)×tg($α°$/2)－135°的差值

(2—13)

利用前面例子，仍设箍筋 $d=10\text{mm}$；$R=2.5d$；$\alpha°=45°$；差值$=2.831\times d$。
则有

$2\times(2.5\times10+10)+2\times(2.5\times10+10)\times\text{tg}22.5°-28.31$
$=70+70\times0.414-28.31$
$=70.67\text{mm}$

与前面例子计算的结果一致。

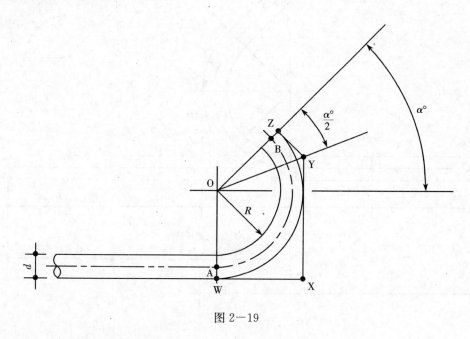

图 2—19

二、标注钢筋内皮尺寸的差值表

通常箍筋标注内皮尺寸。

钢筋内皮尺寸的差值表　　　　　　　　　　　表 2—4

弯曲角度	箍筋差值
	$R=2.5d$
30°	$-0.231d$
45°	$-0.285d$
60°	$-0.255d$
90°	$-0.288d$
135°	$+0.003d$
180°	$+0.576d$

第六节　钢筋端部弯钩尺寸

钢筋端部弯钩，系指大于90°的弯钩。

一、135°钢筋端部弯钩尺寸标注方法

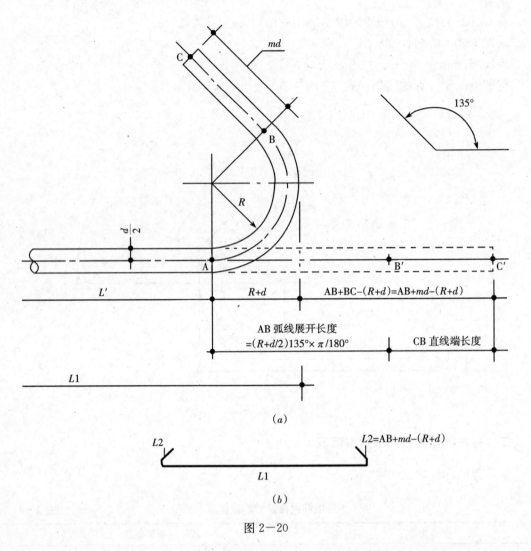

图 2—20

参看图 2—20 (a)，AB 弧线展开长度是 AB′。BC 是钩端的直线部分。从 A 点起弯起，向上一直到直线上端 C 点。展开以后，就是 AC′线段。L′是钢筋的水平部分；R+d 是钢筋弯曲部分外皮的水平投影长度。图 2—20 (b) 是施工图上简图尺寸注法。钢筋两端弯曲加工后，外皮间尺寸就是 L1。两端以外剩余的长度 AB+BC－(R+d) 就是 L2。

钢筋弯曲加工后的外皮的水平投影长度 L1 为

$$L1 = L' + 2(R+d) \tag{2-14}$$

$$L2 = AB + BC - (R+d) \tag{2-15}$$

二、180°钢筋端部弯钩尺寸标注方法

参看图 2—21 (a)，AB 弧线展开长度是 AB′。BC 是钩端的直线部分。从 A 点起弯起，向上一直到直线上端 C 点。展开以后，就是 AC′线段。L′是钢筋的水平部分；R+d

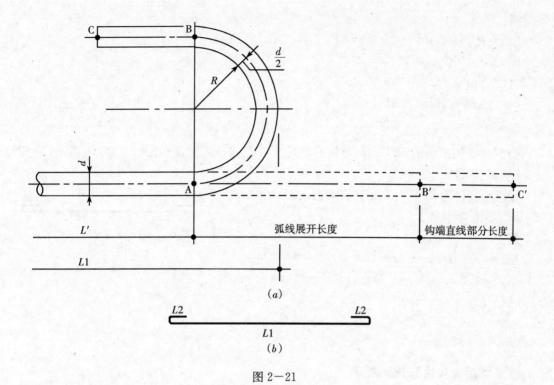

图 2-21

是钢筋弯曲部分外皮的水平投影长度。图 2-21 (b) 是施工图上简图尺寸注法。钢筋两端弯曲加工后，外皮间尺寸就是 L1。两端以外剩余的长度 AB+BC-(R+d) 就是 L2。

钢筋弯曲加工后的外皮的水平投影长度 L1 为

$$L1=L'+2(R+d) \tag{2-14}'$$
$$L2=AB+BC-(R+d) \tag{2-15}'$$

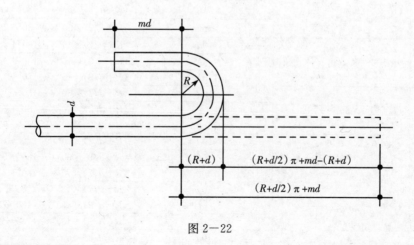

图 2-22

【例 2-3a】参看图 2-22。

设纵向受力钢筋直径为 d 加工 180°端部弯钩；$R=1.25d$；钩端直线部分为 md。当 $m=3$ 时，问在施工图上，$L2$ 值等于多少？

解：

$L2 = (R+d/2)\pi + md - (R+d)$

代入 m、R 值，则

$(1.25d+d/2)\pi + 3d - (1.25d+d)$

$= 1.75d\pi + 3d - 2.25d$

$\approx 6.25d$

钢筋弯曲加工后的 180°端部弯钩标注尺寸，也就是大家都知道的 6.25d。见图 2—23。

【例 2—3b】

设箍筋直径为 d；$R=2.5d$；钩端直线部分为 $3d$。问 $L2$ 值等于多少？

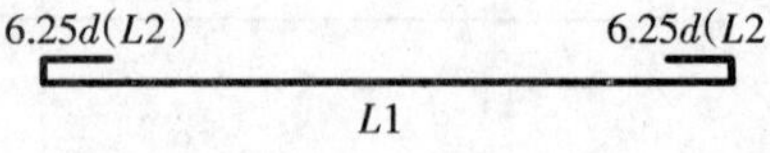

解：

$L2 = (R+d/2)\pi + 3d - (R+d)$

$= (2.5d+d/2)\pi + 3d - (2.5d+d)$

$= 3d\pi + 3d - 3.5d$

$= 3d\pi - 0.5d$

$\approx 8.924d$

图 2—23

三、常用弯钩端部长度表

这里把钢筋端部弯钩处的 30°、45°、60°、90°和 135°几种情况，列成计算表格便于查阅。见表 2—5。

常用弯钩端部长度表　　　　表 2—5

弯起角度	钢筋弧中心线长度	钩端直线部分长度	合计长度
30°	$(R+\dfrac{d}{2}) \times 30° \times \dfrac{\pi}{180°}$	10d	$(R+d/2) \times 30° \times \pi/180° + 10d$
		5d	$(R+d/2) \times 30° \times \pi/180° + 5d$
		75mm	$(R+d/2) \times 30° \times \pi/180° + 75mm$
45°	$(R+\dfrac{d}{2}) \times 45° \times \dfrac{\pi}{180°}$	10d	$(R+d/2) \times 45° \times \pi/180° + 10d$
		5d	$(R+d/2) \times 45° \times \pi/180° + 5d$
		75mm	$(R+d/2) \times 45° \times \pi/180° + 75mm$
60°	$(R+\dfrac{d}{2}) \times 60° \times \dfrac{\pi}{180°}$	10d	$(R+d/2) \times 60° \times \pi/180° + 10d$
		5d	$(R+d/2) \times 60° \times \pi/180° + 5d$
		75mm	$(R+d/2) \times 60° \times \pi/180° + 75mm$
90°	$(R+\dfrac{d}{2}) \times 90° \times \dfrac{\pi}{180°}$	10d	$(R+d/2) \times 90° \times \pi/180° + 10d$
		5d	$(R+d/2) \times 90° \times \pi/180° + 5d$
		75mm	$(R+d/2) \times 90° \times \pi/180° + 75mm$
135°	$(R+\dfrac{d}{2}) \times 135° \times \dfrac{\pi}{180°}$	10d	$(R+d/2) \times 135° \times \pi/180° + 10d$
		5d	$(R+d/2) \times 135° \times \pi/180° + 5d$
		75mm	$(R+d/2) \times 135° \times \pi/180° + 75mm$
180°	$(R+\dfrac{d}{2}) \times \pi$	10d	$(R+d/2) \times \pi + 10d$
		5d	$(R+d/2) \times \pi + 5d$
		75mm	$(R+d/2) \times \pi + 75mm$
		3d	$(R+d/2) \times \pi + 3d$

【例 2-4】

图 2-24 所示是具有标注外皮尺寸的 135°HPB235 级主筋弯钩,试求它的展开实长。

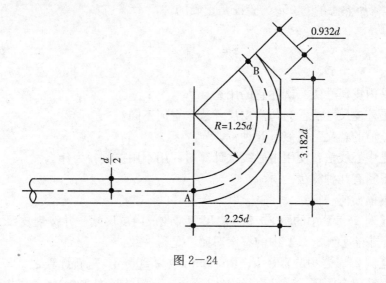

图 2-24

解:

利用三个外皮尺寸的和,减去外皮差值。查表 2-2 知外皮差值为 $2.24d$。

$AB = 2.25d + 3.182d + 0.932d - 2.24d$

$\quad = 4.124d$

另从表 2-5 中,135°钢筋弧中心线长度栏得知,验证是正确的。

【例 2-5】

图 2-25 所示,是具有标注外皮尺寸的 HPB235 级主筋 180°弯钩,试求钩处标注尺寸。

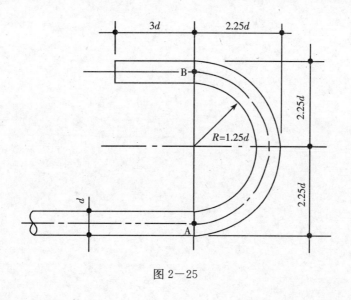

图 2-25

解:

先算出 A 点以外的展开长度,减去 $2.25d$ 和两个外皮差值(查表 2-2 知外皮差值)

$2\times1.751d$，再加上 $3d$。

$$3\times2.25d-2\times1.751d+3d\approx6.25d$$

这就是大家所熟悉的 $6.25d$，验证是正确的。

练 习 二

1. 什么是内皮尺寸法？试述它的用途。
2. 什么是外皮尺寸法？它与内皮尺寸法，有何不同？
3. 试述差值的意义。差值有几种？
4. 什么是中心线法？使用中心线法计算时，用不用差值？为什么？
5. 钢箍下料有几种算法？
6. 圆环钢筋如何计算？
7. 试将【例 2—1】中的图 2—7 外皮尺寸，改成内皮尺寸，并按内皮尺寸法计算出下料尺寸，最后再与【例 2—1】中的答案对照，是否一致？
8. 试将【例 2—1】中的直径 d，由 22mm 改为 20mm，重新计算之。
9. 有一钢筋闭合圆环，钢筋直径 $d=20$mm，环的外径为 300mm，试求其下料长度。
10. 有一两端为 180°弯钩的钢筋，已知 $d=20$mm，$R=1.2d$，$md=5d$。试求其端钩的标注尺寸。
11. 有一段圆弧形钢筋，中心角为 135°，$d=20$mm，$R=1.2d$，试求其下料长度。

第三章 箍 筋

第一节 箍筋概念

过去箍筋的样式有三种,现在施工图上多采用图 3-1 (c)。

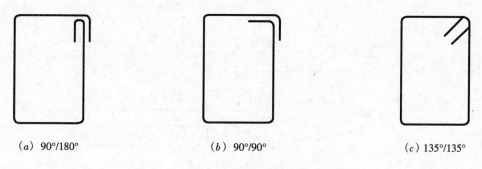

(a) 90°/180°　　　　(b) 90°/90°　　　　(c) 135°/135°

图 3-1 箍筋示意图

图 3-1 (a) 90°/180°和 (b) 90°/90°,用于非抗震结构;(c) 135°/135°用于平法框架抗震结构或非抗震结构中。

第二节 根据箍筋的内皮尺寸计算钢筋下料尺寸

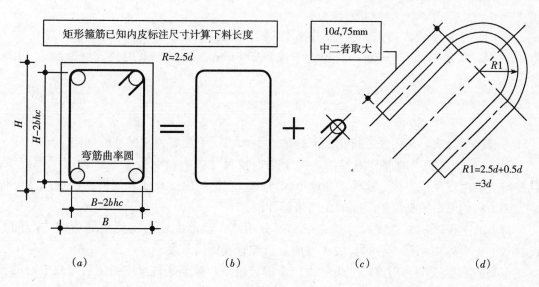

(a)　　　　(b)　　　　(c)　　　　(d)

图 3-2

图 3-2（a）是绑扎在梁柱中的箍筋（已经弯曲加工完的）。为了便于计算，假想它是由两个部分组成：一个是图 3-2（b）；一个是图 3-2（c）。图 3-2（b）是一个闭合的矩形，但是，四个角是以 $R=2.5d$ 为半径的弯曲圆弧。图 3-2（c）里，有一个半圆，它是由一个半圆和两个相等的直线组成。图 3-2（d）为图 3-2（c）的放大。

下面根据图 3-2（b）和图 3-2（c），分别计算，加起来就是箍筋的下料长度。

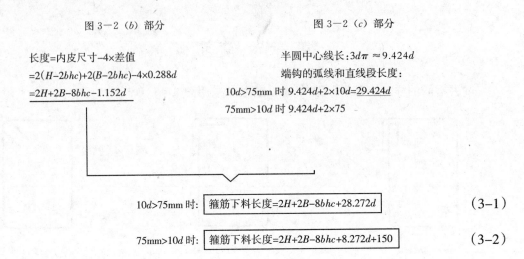

$$10d>75\text{mm 时: 箍筋下料长度}=2H+2B-8bhc+28.272d \quad (3-1)$$

$$75\text{mm}>10d \text{ 时: 箍筋下料长度}=2H+2B-8bhc+8.272d+150 \quad (3-2)$$

式中 bhc 代表保护层。

图 3-2（b）是带有圆角的矩形，四边的内部尺寸，减去内皮法的钢筋弯曲加工的 90°差值就是这个矩形的长度。

图 3-2（c）是由半圆和两段直筋组成。半圆圆弧的展开长度，是由它的中心线的展开长度来决定的。中心线的圆弧半径为 $R+d/2$，半圆圆弧的展开长度是 $(R+d/2)$ 乘以 π。箍筋的下料长度，要注意钩端的直线长度的规定，是 $10d$ 大？还是 75mm 大？可由公式（3-1）及公式（3-2）判断。

对上面两个公式，进行进一步分析推导，发现因箍筋直径大小不同，当直径为 6.5mm 时，采用公式（3-2），直径大于或等于 8mm 的钢筋，采用公式（3-1）。也就是

$10\times 8\text{mm}>75\text{mm}$

$75\text{mm}>10\times 6.5\text{mm}$

上面两个公式，是用来进行钢筋下料的。下面讲一下箍筋各段尺寸的标注。

图 3-3 是放大了的部分箍筋图。由于是内皮尺寸，所以混凝土的保护层里侧界线，就是箍筋的内皮尺寸界线。箍筋的四个框尺寸中，左框的内皮尺寸和底框的内皮尺寸好标注，因为它们就是根据保护层间的距离来标注的。

箍筋的上框（$L4$）内皮尺寸是由三个部分组成：箍筋左框内皮到钢筋弯曲中心的长度；加上 135°弯曲钢筋中心线长度；再加上末端直线钢筋长度。

箍筋的右框（$L3$）内皮尺寸也是由三个部分组成：箍筋底框里皮到钢筋弯曲中心的长度；加上 135°弯曲钢筋中心线长度；再加上末端直线钢筋长度。

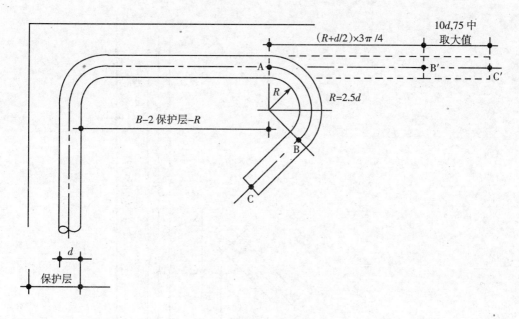

图 3－3

由图 3－3 和图 3－4 得知，可以把箍筋的四个框内皮尺寸的算法，归纳如下。

箍筋左框 $L1=H-2bhc$ (3－3)

箍筋底框 $L2=B-2bhc$ (3－4)

箍筋右框 $L3=H-2bhc-R+(R+d/2)3\pi/4+10d$ 用于 $10d>75$ (3－5)

箍筋右框 $L3=H-2bhc-R+(R+d/2)3\pi/4+75$ 用于 $75>10d$ (3－6)

箍筋上框 $L4=B-2bhc-R+(R+d/2)3\pi/4+10d$ 用于 $10d>75$ (3－7)

箍筋上框 $L4=B-2bhc-R+(R+d/2)3\pi/4+75$ 用于 $75>10d$ (3－8)

式中 bhc——保护层；

  R——弯曲半径；

  d——钢筋直筋；

  H——梁柱截面高度；

  B——梁柱截面宽度。

现在再把公式（3－5）、（3－6）、（3－7）和（3－8）整理一下。

箍筋右框 $L3=H-2bhc+14.568d$ 用于 $10d>75$ (3－5′)

箍筋右框 $L3=H-2bhc+4.568d+75$ 用于 $75>10d$ (3－6′)

箍筋上框 $L4=B-2bhc+14.568d$ 用于 $10d>75$ (3－7′)

箍筋上框 $L4=B-2bhc+4.568d+75$ 用于 $75>10d$ (3－8′)

如图 3－5，箍筋的内皮尺寸注法，是写在箍筋简图的里侧。下面验算一下箍筋下料公式（3－1）、（3－2）是否与公式（3－3）到（3－8）一致。

现在先把公式（3－3）、（3－4）、（3－5）和（3－7）加起来，减去三个角的内皮差值，看看是不是等于箍筋下料公式（3－1）？

箍筋下料长度等于：

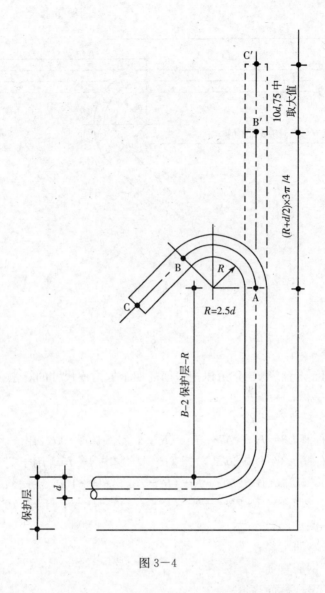

图 3—4

$H-2bhc+B-2bhc+H-2bhc-R+(R+d/2)3\pi/4+10d+B-2bhc$
$-R+(R+d/2)3\pi/4+10d-3\times0.288d$
$=2H+2B-8bhc-2R+2(R+d/2)3\pi/4+20d-0.864d$

∵ $R=2.5d$

∴代入式中得下料长度 $=2H+2B-8bhc-5d+2(2.5dR+d/2)3\pi/4+20d-0.864d$
$=2H+2B-8bhc-5d+18d\pi/4+20d-0.864d$
$=2H+2B-8bhc+29.173d-0.864d$
$\approx 2H+2B-8bhc+28.273d$

计算结果与公式（3—1）一致。公式（3—3）、（3—4）、（3—5）和（3—7）是用做钢筋弯曲加工；而公式（3—1）是用做钢筋下料的，各有用处。但是，它们的用料必须一致。

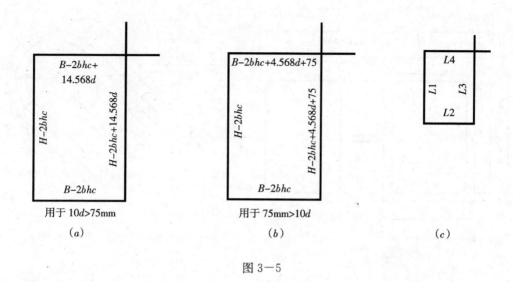

图 3—5

现在再把公式（3—3）、（3—4）、（3—65）和（3—87）加起来，减去三个角的差值，看看是不是等于箍筋下料公式（3—2）？

箍筋下料长度等于：

$H-2bhc+B-2bhc+H-2bhc-R+(R+d/2)3\pi/4+75+B-2bhc$
$-R+(R+d/2)3\pi/4+75-3\times0.288d$

$\because R=2.5d$

$\therefore$ 下料长度 $=2H+2B-8bhc-5d+2(2.5d+d/2)3\pi/4+150-0.864d$
$\approx 2H+2B-8bhc+8.273d+150$

结果与公式（3—2）一致。

第三节　根据箍筋的外皮尺寸计算钢筋下料尺寸

施工图上个别情况，也可能遇到箍筋标注外皮尺寸，如图 3—6 所示。这时，要用到外皮差值来进行计算。参看图 3—7。

图 3—7（a）是绑扎在梁柱中的箍筋（已经弯曲加工完的）。为了便于计算，假想它是由两个部分组成：一个是图 3—7（b）；一个是图 3—7（c）。图 3—7（b）是一个闭合的矩形。但是，四个角是以 $R=2.5d$ 为半径的弯曲圆弧。图 3—7（c）是弯钩及其末尾直线部分，从这里可以看出图中有一个半圆和两个相等的直线，长度就是半圆的中心线长度，再加上两段直线。图 3—7（d）为（c）的放大。

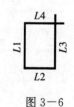

图 3—6

下面根据图 3—7（b）和图 3—7（c），分别计算，加起来就是箍筋的下料长度。

从箍筋的外皮尺寸计算钢筋下料尺寸公式（3—9）、（3—10）看，它们分别和公式（3—1）、（3—2）的比较完全相同。

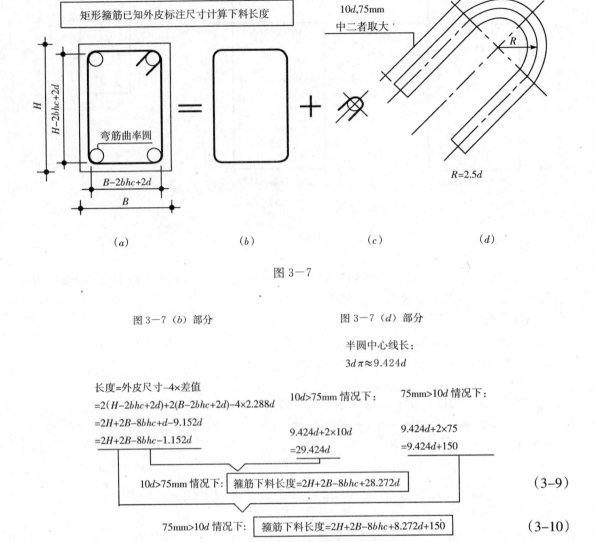

图 3-7

上式中 bhc 代表保护层。

图 3-7（b）是带有圆角的矩形，四边的外部尺寸，减去外皮法的钢筋弯曲加工的 90 度差值就是这个矩形的长度。

图 3-7（c）是由半圆和两段直筋组成。半圆圆弧的展开长度，是由它的中心线的展开长度来决定的。中心线的圆弧半径为 $R+d/2$，半圆圆弧的展开长度是 $(R+d/2)$ 乘以 π。箍筋的下料长度，要注意钩端的直线长度的规定，是 $10d$ 大？还是 $75mm$ 大？注意正确选择公式。

直径为 6.5mm 钢筋，采用公式（3-10），直径大于或等于 8mm 的钢筋，采用公式（3-9）。也就是

$10 \times 8mm > 75mm$

$75mm > 10 \times 6mm$

上面两个公式,是用来进行钢筋下料的。下面讲一下箍筋各段尺寸的标注。图 3-8 是放大了的部分箍筋图。由于是外皮尺寸,所以混凝土的保护层往左移一个 d,就是箍筋的外皮尺寸界线。箍筋的四个框尺寸中,左框的内皮尺寸和底框的外皮尺寸好标注,因为它们就是根据保护层间的距离来标注的。

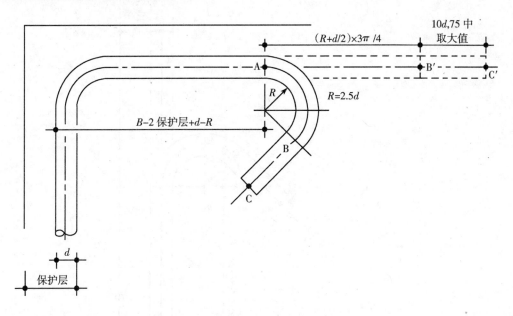

图 3-8

由图 3-8 可知,箍筋的上框($L4$)外皮尺寸是由三个部分组成:箍筋左框外皮到钢筋弯曲中心;加上 135°弯曲钢筋中心线长度;再加上末端直线钢筋。

由图 3-9 可知,箍筋的右框($L3$)外皮尺寸也是由三个部分组成:箍筋底框外皮到钢筋弯曲中心;加上 135°弯曲钢筋中心线长度;再加上末端直线钢筋。

按图 3-8 和图 3-9 所示,可以把箍筋的四个框外皮尺寸的算法,归纳如下。

箍筋左框 $L1 = H - 2bhc + 2d$ (3-11)

箍筋底框 $L2 = B - 2bhc + 2d$ (3-12)

箍筋右框 $L3 = H - 2bhc + d - R + (R+d/2)3\pi/4 + 10d$ 用于 $10d > 75$ (3-13)

箍筋右框 $L3 = H - 2bhc + d - R + (R+d/2)3\pi/4 + 75$ 用于 $75 > 10d$ (3-14)

箍筋上框 $L4 = B - 2bhc + d - R + (R+d/2)3\pi/4 + 10d$ 用于 $10d > 75$ (3-15)

箍筋上框 $L4 = B - 2bhc + d - R + (R+d/2)3\pi/4 + 75$ 用于 $75 > 10d$ (3-16)

式中 bhc——保护层;

R——弯曲半径;

d——钢筋直筋;

H——梁柱截面高度;

B——梁柱截面宽度。

下面这里验算一下箍筋下料公式公式(3-9)、(3-10)是否与(3-11)到(3-16)一致。

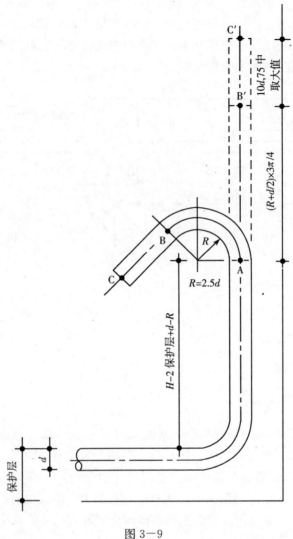

图 3—9

现在先把公式（3—11）、（3—12）、（3—13）和（3—15）加起来，减去三个角的外皮差值，看看是不是等于箍筋下料公式（3—9）？

箍筋下料长度等于：

$H-2bhc+2d+B-2bhc+2d+H-2bhc+d-R+(R+d/2)3\pi/4$
$+10d+B-2bhc+d-R+(R+d/2)3\pi/4+10d-3\times2.288d$
$=2H+2B-8bhc+6d-2R+2(R+d/2)3\pi/4+20d-6.864d$

∵ $R=2.5d$

∴ $=2H+2B-8bhc+d+2(2.5dR+d/2)3\pi/4+20d-6.864d$
$=2H+2B-8bhc+d+18d\pi/4+20d-6.864d$
$\approx2H+2B-8bhc+29.173d-6.864d$
$\approx2H+2B-8bhc+28.273d$

计算结果与公式（3—9）一致。公式（3—11）、（3—12）、（3—13）和（3—15）是用

做钢筋弯曲加工的；而公式（3－9）是用做钢筋下料的，各有用处。但是，它们的用料必须一致。

现在再把公式（3－11）、（3－12）、（3－14）和（3－16）加起来，减去三个角的外皮差值，看看是不是等于箍筋下料公式（3－10）？

箍筋下料长度等于：

$H-2bhc+2d+B-2bhc+2d+H-2bhc+d-R+(R+d/2)3\pi/4$
$+75+B-2bhc+d-R+(R+d/2)3\pi/4+75-3\times 2.288d$

∵ $R=2.5d$

∴ $=2H+2B-8bhc+6d-5d+2(2.5d+d/2)3\pi/4+150-6.864d$

$\approx 2H+2B-8bhc+8.273d+150$

结果与公式（3－10）一致。

现在再把公式（3－13）、（3－14）、（3－15）和（3－16）整理一下。

$$\text{箍筋右框 } L3=H-2bhc+15.568d \quad \text{用于 } 10d>75 \quad (3-13')$$
$$\text{箍筋右框 } L3=H-2bhc+5.568d+75 \quad \text{用于 } 75>10d \quad (3-14')$$
$$\text{箍筋上框 } L4=B-2bhc+15.568d \quad \text{用于 } 10d>75 \quad (3-15')$$
$$\text{箍筋上框 } L4=B-2bhc+5.568d+75 \quad \text{用于 } 75>10d \quad (3-16')$$

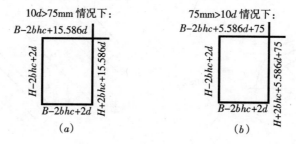

图 3－10

回过头来利用图 3－10 中的外皮尺寸，可以求出箍筋的下料尺寸。

计算图 3－10（a）的箍筋尺寸，就是利用公式（3－11）、（3－12）、（3－13'）、（3－15'）的和，减去三个 90°外皮差值便可。即：

$H-2bhc+2d+B-2bhc+2d+H-2bhc+15.568d+B$
$-2bhc+15.568d-3\times 2.288d$
$=2H+2B-8bhc+28.272d$

答案正是（3－9）。

第四节 根据箍筋的中心线尺寸计算钢筋下料尺寸

现在要讲的方法就是对箍筋的所有线段，都用计算中心线的方法，计算箍筋的下料尺寸。参看图 3－11。

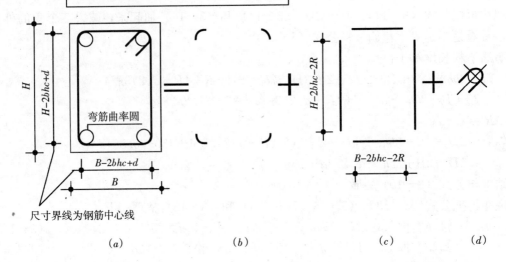

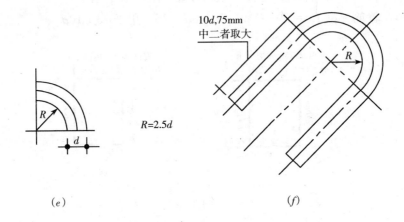

图 3—11

在图 3—11 中,图 (e) 是图 (b) 的放大。矩形箍筋按照它的中心线计算下料长度时,是先把图 (a) 分割成图 (b)、图 (c)、图 (d) 三个部分,分别计算中心线,然后,再把它们加起来,就是钢筋下料尺寸。

图 3—11 (b) 部分计算:
$$4(R+d/2)\pi/2$$
$$=6\pi d$$

图 3—11 (c) 部分计算:
$$2(H-2bhc-2R)+2(B-2bhc-2R)$$
$$=2H+2B-8bhc-20d$$

图 3—11 (d) 部分计算:

用于 $10d > 75\text{mm}$：$(R+d/2)\pi + 2\times 10d$
$= 3\pi d + 20d$

用于 $75\text{mm} > 10d$：$(R+d/2)\pi + 2\times 75$
$= 3\pi d + 150$

箍筋的下料长度：

用于 $10d > 75\text{mm}$：

$6\pi d + 2H + 2B - 8bhc - 20d + 3\pi d + 20d$

$$\boxed{= 2H + 2B - 8bhc + 28.274d} \tag{3-17}$$

用于 $75\text{mm} > 10d$：

$6\pi d + 2H + 2B - 8bhc - 20d + 3\pi d + 150$

$$\boxed{= 2H + 2B - 8bhc + 8.274d + 150} \tag{3-18}$$

公式（3—17）、（3—18）与（3—1）、（3—2）以及（3—9）、（3—10）的计算结果都是一样的。这点只说明它们的一致性，重要的是这些公式前面的计算过程。不管哪种方法，我们都是使用前面的计算过程。

第五节　计算柱面螺旋线形箍筋的下料尺寸

一、柱面螺旋线形箍筋

图 3—12 为柱面螺旋线形箍筋图。

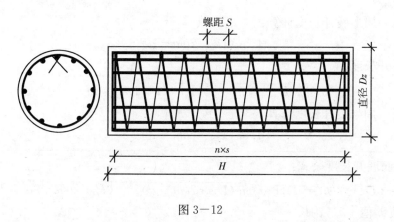

图 3—12

图中直径 D_z 是混凝土柱外表面直径尺寸；螺距 s 是柱面螺旋线每旋转一周的位移，也就是相邻螺旋箍筋之间的间距；H 是柱的高度；n 是螺距的数量。

螺旋箍筋的始端与末端，应各有不小于一圈半的端部筋。这里计算时，暂采用一圈半长度。两端均加工有 135°弯钩，且在钩端各留有直线段。柱面螺旋线展开以后是直线（斜向）；螺旋箍筋的始端与末端，展开以后是上下两条水平线。在计算柱面螺旋线形箍筋时，先分成三个部分来计算：柱顶部（图 3—12 左端）的一圈半箍筋展开长度即为图 3—13 中上部水平段；螺旋线形箍筋展开部分即为图 3—13 中中部斜线段；最后是柱底部

(图 3-12 右端)的一圈半箍筋展开长度即为图 3-13 中下部水平段。

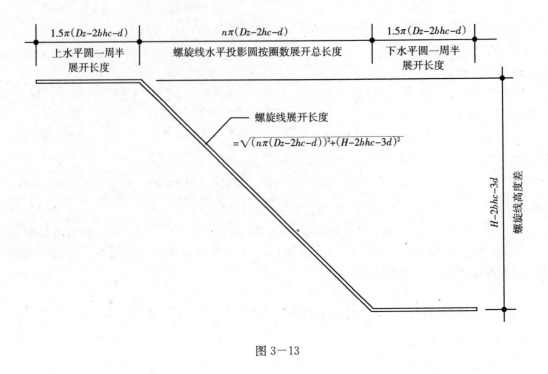

图 3-13

二、螺旋箍筋计算

上水平圆一周半展开长度计算：
$$1.5\pi(Dz-2bhc-d)$$

螺旋线展开长度：
$$\sqrt{(n\pi(Dz-2bhc-d))^2+(H-2bhc-3d)^2}$$

下水平圆一周半展开长度计算：
$$1.5\pi(Dz-2bhc-d)$$

螺旋箍筋展开长度公式：
$$2\times 1.5\pi(Dz-2bhc-d)+\sqrt{(n\pi(Dz-2bhc-d))^2+(H-2bhc-3d)^2}- \tag{3-19}$$
$$2\times 外皮差值+2\times 钩长$$

三、螺旋箍筋的搭接计算

螺旋箍筋的搭接部分，有搭接长度的规定。抗震结构的搭接长度，要求$\geqslant LaE$，且$\geqslant 300$mm；非抗震结构的搭接长度，要求$\geqslant La$且$\geqslant 300$mm。搭接的弯钩钩端直线段长度也有规定，抗震结构的长度，要求为 10 倍钢箍直径；非抗震结构的长度，要求为 5 倍钢箍直径。此外，两个搭接的弯钩，必须钩在纵筋上。

LaE 的数据见表 3-1、3-2 和 3-3。La 的数据见表 3-4。LaE 是抗震结构的搭接数据，而 La 是非抗震结构的搭接数据。

表3-1、3-2、3-3和3-4中的"Φ"是"HPB235级"钢筋的符号；"Φ"是HRB335级钢筋的符号；"Φ"是"HRB400级"钢筋的符号。

混凝土的强度种类，按混凝土的强度等级来划分。计有C15、C20、C25、C30、C35、C40、C45、C50、C55、C60、C65、C70、C75和C80。举例来说，混凝土的强度等级是C30，钢筋直径为22mm，"HRB335级"钢筋，结构抗震等级为一级。假如要求搭接长度等于锚固长度LaE时，可查表3-1中C30列，"Φ"的"≤25"，找到LaE为34d，即34×22=748mm。

纵向受拉钢筋一、二级抗震等级锚固长度 LaE　　　　　表3-1

	符号	受拉钢筋直径	C20	C25	C30	C35	≥C40
HPB235(Q235)	Φ		36d	31d	27d	25d	23d
HRB335(20MnSi)	Φ	≤25	44d	38d	34d	31d	29d
		>25	49d	42d	38d	34d	32d
HRB400(20MnSiV、20MnSiNb、20MnTi)	Φ	≤25	53d	46d	41d	37d	34d
		>25	58d	51d	45d	41d	38d

纵向受拉钢筋三级抗震等级锚固长度 LaE　　　　　表3-2

	符号	受拉钢筋直径	C20	C25	C30	C35	≥C40
HPB235(Q235)	Φ		33d	28d	25d	23d	21d
HRB335(20MnSi)	Φ	≤25	41d	35d	31d	29d	26d
		>25	45d	39d	34d	31d	29d
HRB400(20MnSiV、20MnSiNb、20MnTi)	Φ	≤25	49d	42d	37d	34d	31d
		>25	53d	46d	41d	38d	34d

纵向受拉钢筋四级抗震等级锚固长度 LaE　　　　　表3-3

	符号	受拉钢筋直径	C20	C25	C30	C35	≥C40
HPB235(Q235)	Φ		31d	27d	24d	22d	20d
HRB335(20MnSi)	Φ	≤25	39d	34d	30d	27d	25d
		>25	42d	37d	33d	30d	27d
HRB400(20MnSiV、20MnSiNb、20MnTi)	Φ	≤25	46d	40d	36d	33d	30d
		>25	51d	44d	39d	36d	33d

纵向受拉钢筋非抗震等级锚固长度 La　　　　　表3-4

	符号	受拉钢筋直径	C20	C25	C30	C35	≥C40
HPB235(Q235)	Φ		31d	27d	24d	22d	20d
HRB335(20MnSi)	Φ	≤25	39d	34d	30d	27d	25d
		>25	42d	37d	33d	30d	27d
HRB400(20MnSiV、20MnSiNb、20MnTi)	Φ	≤25	46d	40d	36d	33d	30d
		>25	51d	44d	39d	36d	33d

参看图3-14和图3-15，计算出每根钢筋搭接长度为：

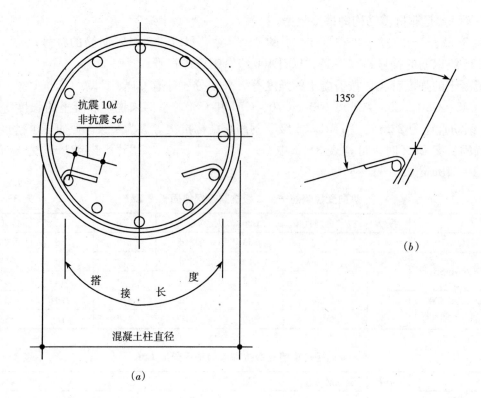

图 3—14

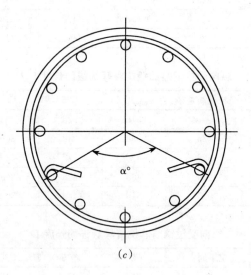

图 3—15

$$\left(\frac{Dz}{2}-bhc+\frac{d}{2}\right)\times\frac{\alpha°}{2}\times\frac{\pi}{180°}+\left(R+\frac{d}{2}\right)\times 135°\times\frac{\pi}{180°}+10d \qquad (3-20)$$

公式（3-20）用于抗震结构。

$$\left(\frac{Dz}{2}-bhc+\frac{d}{2}\right)\times\frac{\alpha°}{2}\times\frac{\pi}{180°}+\left(R+\frac{d}{2}\right)\times135°\times\frac{\pi}{180°}+5d \qquad (3-21)$$

公式（3-21）用于非抗震结构。

公式（3-20）和公式（3-21）两式的第一项，是指两筋搭接的中点到钩的切点处长度；第二项是135°弧中心线长度和钩端直线部分长度。

第六节　圆环形封闭箍筋

圆环形封闭箍筋，如图 3-16 所示。可以把图 3-16（a）看做是由两部分组成：一部分是圆箍；另一部分是两个带有直线端的135°弯钩。这样一来，先求出圆箍的中心线实长，然后再查表找带有直线端的135°弯钩长度，不要忘记，钩是一双。

设保护层为 bhc；混凝土柱外表面直径为 Dz；箍筋直径为 d；箍筋端部两个弯钩为135°，都钩在同一根纵筋上；钩末端直线段长度为 a.；箍钩弯曲加工半径为 R，135°箍钩的下料长度可从表 2-5 中查到。

$$(Dz-2bhc+d)\pi+2\times\left[\left(R+\frac{d}{2}\right)\times135°\times\frac{\pi}{180°}+a\right] \qquad (3-22)$$

式中：a 为从 $10d$ 和 75mm 两者中取大值。

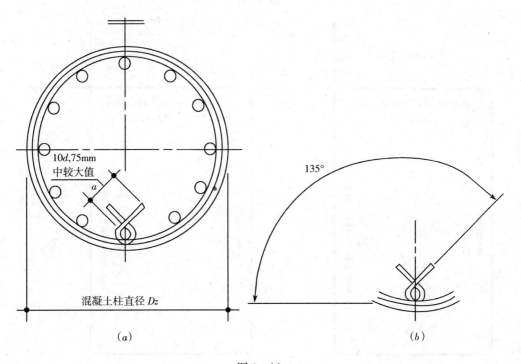

图 3-16

第七节 箍 筋 算 例

【例 3—1】

已知梁高 $H=500$；$B=300$；保护层 $bhc=25$mm；钩为 $135°$；钢箍直径 $d=8$mm。试求出它的下料尺寸，并画出简图，注写内皮尺寸。参见图 3—17。

再问，当 $d=6$mm 时，其他条件不变，答案又该如何？

为了解题方便，这里把公式（3—3）、（3—4）、（3—5）、（3—6）、（3—7）、（3—8）和简图图形（图 3—18）结合起来，解题时就更醒目了。

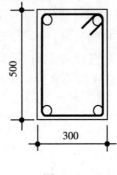

图 3—17

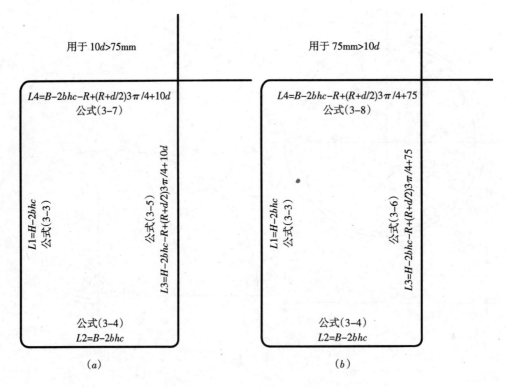

图 3—18

最后，试求它的下料长度。

那么，把已知数据代入各公式后，则

$L1=500-50=450$

$L2=300-50=250$

$L3=500-50-20+3d3\pi/4+80=510+57.5≈567$

$L4=300-50-20+3d3\pi/4+80=310+57.5≈367$

简图见图3-19（a）。

解前面的"再问"（$d=6$）时则：

$L1=500-50=450$

$L2=300-50=250$

$L3=500-50-15+3d3\pi/4+75=510+42.4≈552$

$L4=300-50-15+3d3\pi/4+75=310+42.4≈352$

简图见图3-19（b）。

接着，当$d=8$时，下料长度为

$L1+L2+L3+L4-3×0.288×8≈1627$

当$d=6$时，下料长度为

$L1+L2+L3+L4-3×0.288×6≈1599$

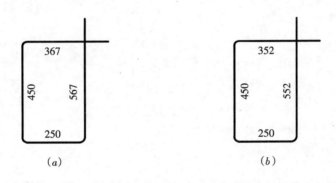

图3-19

通过观察分析，可以发现图3-18（a）和图3-18（b）中的$L1$与$L3$之间的差值，以及$L2$与$L4$之间的差值分别为：

- $-R+(R+d/2)3\pi/4+10d$
- $-R+(R+d/2)3\pi/4+75$

这样一来，这里就可以事先令$R=2.5d$，当d发生变化时，求出上两式的值，列出表格，以方便计算时使用。

【例3-2】

设具有端部弯钩的箍筋简图（如图3-20），并注有$L1$和$L2$的内皮尺寸。试求箍钩展开后的$L3$和$L4$的尺寸，以及它的下料长度。已知箍径等于8mm，弯钩角度135°。

未弯钩箍筋简图中，当 $R=2.5d$ 时，$L3$、$L4$ 比 $L1$、$L2$ 各自增多的值
内皮尺寸标注法用　　　　　表3—5

d(mm)	$L3$ 比 $L1$ $L4$ 比 $L2$ 增多的公式部分	$L3$ 比 $L1$ $L4$ 比 $L2$ 增多的值(mm)
6	$-R+(R+d/2)3\pi/4+75$	102
6.5		105
8		117
10	$-R+(R+d/2)3\pi/4+10d$	146
12		175

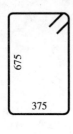

图3—20

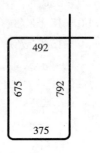

图3—21

解：
查表3—5知，$L3=L1+117=792$
　　　　　　$L4=L2+117=492$
下料长度为
$675+375+792+492-3\times0.288\times8\approx2327$
结果如图3—21所示。

未弯钩箍筋简图中，当 $R=2.5d$ 时，$L3$、$L4$ 比 $L1$、$L2$ 各自增多的值
外皮尺寸标注法用　　　　　表3—6

d(mm)	$L3$ 比 $L1$ $L4$ 比 $L2$ 增多的公式部分	$L3$ 比 $L1$ $L4$ 比 $L2$ 增多的值(mm)
6	$-R-d+(R+d/2)3\pi/4+75$	96
6.5		99
8		109
10	$-R-d+(R+d/2)3\pi/4+10d$	136
12		163

【例3—3】
设具有端部弯钩的箍筋简图（如图3—22），并注有 $L1$ 和 $L2$ 的外皮尺寸。试求箍钩展开后的 $L3$ 和 $L4$ 的尺寸以及它的下料长度。已知箍径等于8mm，弯钩角度135°。

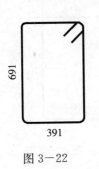

图 3-22

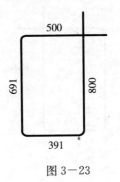

图 3-23

下料长度为：

691＋391＋800＋500－3×2.288×8＝2327

见图 3-23。

【例 3-4】

已知注有内皮尺寸的箍筋简图，见图 3-24，直径为 10mm。求其下料尺寸。

解：

钢筋下料长度为

550＋350＋696＋496－3×0.288×10＝2083

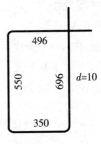

图 3-24

【例 3-5】

已知注有内皮尺寸 $L1$ 和 $L2$ 的箍筋简图，见图 3-25，直径为 12mm。补出 $L3$ 和 $L4$，并求其下料尺寸。

解：

补注 $L3$ 和 $L4$ 时，需要查表 3-5。当 $d=12$mm 时，$L3$ 和 $L4$ 比 $L1$ 和 $L2$ 增多的值为 175，则

$L3=550+175=725$

$L4=250+175=425$

见图 3-26。

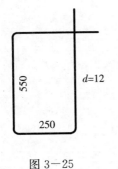

图 3-25

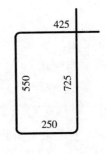

图 3-26

【例 3-6】

已知注有外皮尺寸 $L1$ 和 $L2$ 的箍筋简图，见图 3-27，直径为 12mm。补出 $L3$ 和 $L4$，并求其下料尺寸。

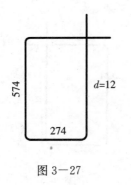

图 3—27

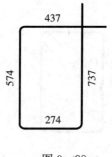

图 3—28

解：

查表 3—6。

$L3=574+163=737$

$L4=274+163=437$

答案见图 3—28。

【例 3—7】

图 3—29，给出了混凝土构件截面的高度和宽度，钩端直线段为 $5d$。试求出有钩箍筋简图与内皮 $L1$、$L2$；无钩简图的内皮 $L1$、$L2$、$L3$、$L4$ 各段尺寸及其下料长度。已知保护层厚度为 25mm；弯曲半径为 $2.5d$；$d=8$mm。

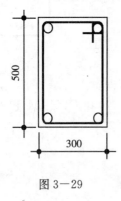

图 3—29

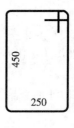

图 3—30

解：

按图 3—29 可知：

$L1=500-2\times25=450$

$L2=300-2\times25=250$

答案如图 3—30 所示。

再按图 3—31 所示求无钩简图的内皮 $L3$、$L4$ 各段尺寸：

内皮 $L3 = 450-R+(R+d/2)\pi+5d$

$= 450-2.5d+3d\pi+5d$

$= 450+3d\pi+2.5d$

$= 450+75.398+20$

$= 545.398$

内皮 $L4 = 250 - R + (R + d/2)\pi + 5d$
$= 250 - 2.5d + 3d\pi + 5d$
$= 250 + 3d\pi + 2.5d$
$= 250 + 75.398 + 20$
$= 345.398$

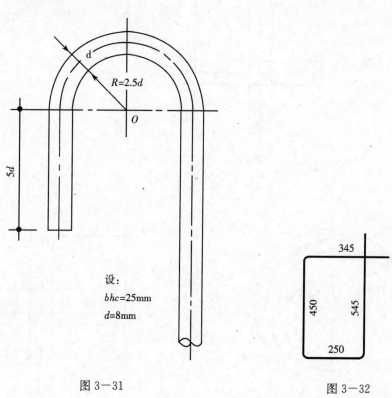

设：
$bhc = 25\text{mm}$
$d = 8\text{mm}$

图 3－31   图 3－32

答案如图 3－32 所示。

计算下料长度前，请先看图 3－33 和图 3－34。图 3－33 是为了便于计算，把箍筋分成两个部分：一个是闭合矩形；另一个是端钩部分。然后，再把端钩部分成一个 270°弧线和一个端钩直线部分。

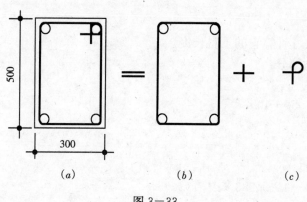

图 3－33

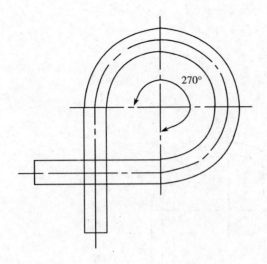

(a)

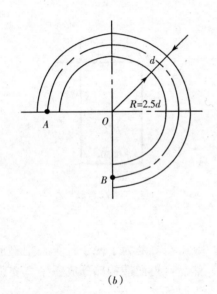

(b)

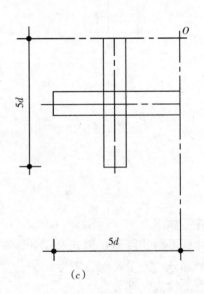

(c)

图 3—34

现在根据内皮尺寸计算它的下料长度。

先计算两个端钩部分：

图 3—33 (c) 为

$(R+d/2)\times 1.5\pi+10d$

$=3d\times 1.5\pi+80$

$=193.037$

图 3—33 (b) 加 (c)

$2\times(L1+L2)-4\times 0.288\times d+193.037$

$=2\times(450+250)-9.261+193.037$

$$=1400-9.261+193.037$$
$$=1583.776$$

【例 3-8】

按图 3-29 所示,给出了混凝土构件截面的高度和宽度,钩端直线段为 $5d$。试求出有钩箍筋简图与外皮 $L1$、$L2$;无钩简图的外皮 $L1$、$L2$、$L3$、$L4$ 各段尺寸及其下料长度。已知保护层厚度为 25mm;弯曲半径为 $2.5d$;$d=8$mm。

解:

外皮 $L1=500-2\times25+2\times8=466$

外皮 $L2=300-2\times25+2\times8=266$

答案见图 3-35。

其次,求无钩简图的外皮 $L3$、$L4$ 尺寸如下:

外皮 $L3=466-R-d+(R+d/2)\pi+5d$
$$=466-2.5\times8-8+24\pi+40$$
$$=466-28+75.398+40$$
$$=553.398$$

外皮 $L4=266-R-d+(R+d/2)\pi+5d$
$$=266-2.5\times8-8+24\pi+40$$
$$=266-28+75.398+40$$
$$=353.398$$

下料长度

先计算端钩两部分端钩部分:

图 3-33 (c) 为
$$(R+d/2)\times1.5\pi+10d$$
$$=3d\times1.5\pi+80$$
$$=193.037$$

图 3-33 (b) 加 (c)
$$2\times(L1+L2)-4\times2.288\times d+193.037$$
$$=2\times(466+266)-73.216+193.037$$
$$=1464-9.261+193.037$$
$$=1647.776$$

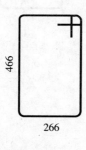

图 3-35

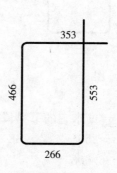

图 3-36

图 3—36 为本例之解。

【例 3—9】

如图 3—37 所示,给出了混凝土构件截面的高度和宽度,钩端直线段为 $5d$。试求出有钩箍筋简图与无钩简图的外皮 $L1$、$L2$、$L3$ 各段尺寸及其下料长度。已知保护层厚度为 25mm;弯曲半径为 $2.5d$;$d=8$mm。

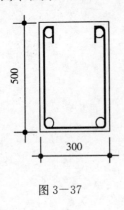

图 3—37

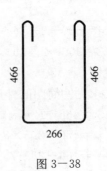

图 3—38

解:如图 3—38 所示:

外皮 $L1=500-2\times25+2\times8=466$

外皮 $L2=300-2\times25+2\times8=266$

外皮 $L3=466-R-d+3d\pi+5d$

$\quad\quad=466-20-8+75+40$

$\quad\quad=553$

参见图 3—39(无钩简图)。当标注有钩简图时,利用图 3—39 计算,则得出:$553-466=87$

图 3—40 是外皮尺寸注法中,对 135°和 180°钩的尺寸习惯注法。

图 3—39　　　　　　　　　图 3—40

根据图 3—39 求它的下料长度为:

$\quad 2\times553+266-2\times2.288\times8$

$=1372-36.608$

≈1335

现在，再用中心线法核对上面的计算结果。图3—40的放大如图3—41所示。
左右竖向直线段：2×410＝820
底部横向直线段：210
两个钩端直线段：2×5d＝80
两个底脚弧共180°，两个端钩弧共360°，为$(R+d/2)3\pi=3d3\pi\approx226$
用中心线法求下料长度如下：
820＋210＋80＋226≈1336

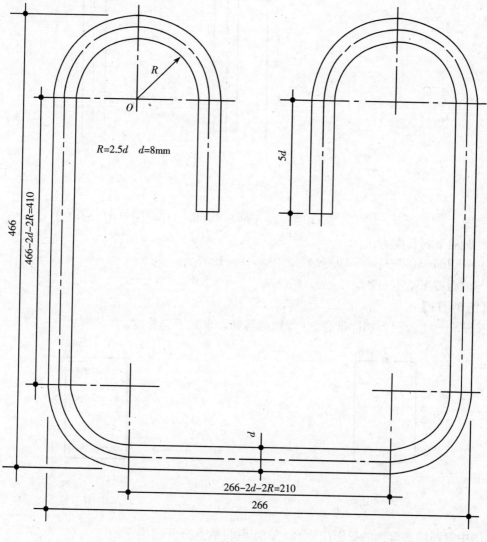

图3—41

与根据图3—39求的下料长度基本一致。

【例3—10】

把图3—40的两个180°钩，变换展开为两个90°钩，改注钩尺寸，并计算其下料长度，以证明与前例一致。参看图3—42。

47

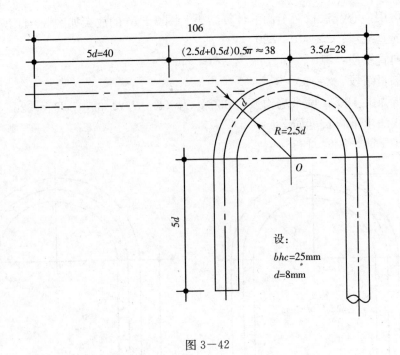

图 3—42

如图 3—42 所示,将 180°弯钩变换展开为 90°弯钩,其简图见图 3—43。
此时的下料长度为:
466+266+466+106+106−4×2.288×8≈1337
与前面答案基本一致。

【例 3—11】
按图 3—44 所示,端部带有 90°弯钩的箍筋,求其下料长度。

图 3—43　　　　　　　　　图 3—44

图中箍筋端部弯钩的投影应重合,为了醒目故意分开画出来的。
这里标注的是内皮尺寸,下料尺寸计算如下:
2×484+2×284+100+100−5×0.288×8=1724

章末附记

本章所举的例子中,保护层都采用的是 25mm。但是,真正计算时,要遵照施工图纸上给出的保护层尺寸计算。

保护层厚度单位为 mm。

梁用保护层厚度有：25、30、35、40；

柱用保护层厚度有：30、35、40；

板、墙、壳用保护层厚度有：15、20、25、30。

上面所说保护层厚度，是指纵向受力钢筋的混凝土保护层最小厚度（mm）。它是由构件类别、混凝土强度等级和环境类别决定的。

练 习 三

1. 钢筋的计算，有几种方法？
2. 箍筋的弯钩，如何计算？
3. 如果给出梁或柱的截面尺寸，能标注出弯钩后箍筋内皮尺寸吗？
4. 已知箍筋的内皮尺寸，能换算成外皮尺寸吗？
5. 已知梁的截面宽度为 300mm，高度为 500mm，箍筋直径为 8mm，保护层为 25mm，端部的弯钩为 135°。试求内皮尺寸 $L1$、$L2$、$L3$、$L4$ 和下料长度。
6. 已知箍筋的样式如图 3-1 (a)，条件与前项"五"相同。试求内皮尺寸 $L1$、$L2$、$L3$、$L4$ 和下料长度。
7. 已知箍筋的样式如图 3-1 (b)，条件与前项"五"相同。试求内皮尺寸 $L1$、$L2$、$L3$、$L4$ 和下料长度。
8. 有一螺旋箍筋，已知 Dz 为 300mm，保护层为 25mm，箍筋直径为 8mm，n 为 8，弯钩为 135°，端部直线长度为 10 倍箍筋直径。试求下料长度（提示：须先求弯曲角度，然后查相应角度的外皮差值）。
9. 已知柱截面尺寸，宽 $B=500$；高 $H=300$；保护层 $bhc=30$mm；钩为 135°；钢箍直径 $d=6$mm。试求出它的下料尺寸，并画出简图，注写内皮尺寸。
10. 注有 $L1$ 和 $L2$ 的内皮尺寸的箍筋简图。试求箍钩展开后的 $L3$ 和 $L4$ 的尺寸以及它的下料长度。已知箍径等于 8mm，弯钩角度 135°。
11. 已知注有内皮尺寸的箍筋简图，$L1=500$，$L2=300$，$L3=646$，$L4=446$，直径为 10mm。求其下料尺寸。
12. 已知混凝土梁截面的高度为 600mm，宽度为 400mm，钩端直线段为 $10d$。试求出有钩箍筋简图与内皮 $L1$、$L2$；无钩简图的内皮 $L1$、$L2$、$L3$、$L4$ 各段尺寸及其下料长度。已知保护层厚度为 25mm；弯曲半径为 $2.5d$；$d=8$mm。
13. 已知混凝土梁截面的高度为 400mm，宽度为 250mm，钩端直线段为 $10d$。试求出有钩箍筋简图与外皮 $L1$、$L2$；无钩简图的外皮 $L1$、$L2$、$L3$、$L4$ 各段尺寸及其下料长度。已知保护层厚度为 25mm；弯曲半径为 $2.5d$；$d=8$mm。

第四章 拉 筋

第一节 拉筋的样式及其计算

一、拉筋的作用与样式

拉筋在构件中，是固定纵向受力钢筋，防止位移用的。拉筋用来钩住纵向受力钢筋，并且还常常同时钩住箍筋。拉筋的端钩，有90°、135°、180°三种。两端端钩的角度，可以相同，也可以不相同。两端端钩的方向，可以同向，也可以不同向。参看图4—1。

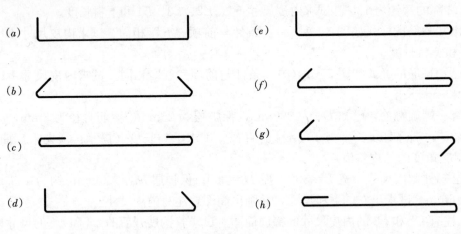

图 4—1

拉筋两端弯钩≤90°时，通常标注外皮尺寸，这样可以按照外皮尺寸的"和"，减去"外皮差值"，来计算下料长度。同时，也可以按照计算弧线的展开长度的方法，计算下料长度。另外，当拉筋两端弯钩＞90°时，除标注整体外皮尺寸外，在拉筋两端弯钩处（上方），标注下料长度的剩余部分。

二、两端为90°弯钩的拉筋计算

图4—2是两端为90°弯钩的拉筋尺寸分析图。图中BC直线长度是由施工图给出。从几何图形上看，它是由三部分组成：主干直线；两个90°弧线；两个端部直线。图4—2对拉筋的各个部位计算，做了详细的剖析。手头没有差值表时，就用计算弧线长度的方法，计算拉筋的下料长度。如果手头有差值表，就可以利用外皮尺寸来计算拉筋的下料长度。尽管计算方法不是惟一的，但是，对于拉筋简图来说，还是要按照图4—3的尺寸标注方法注写。

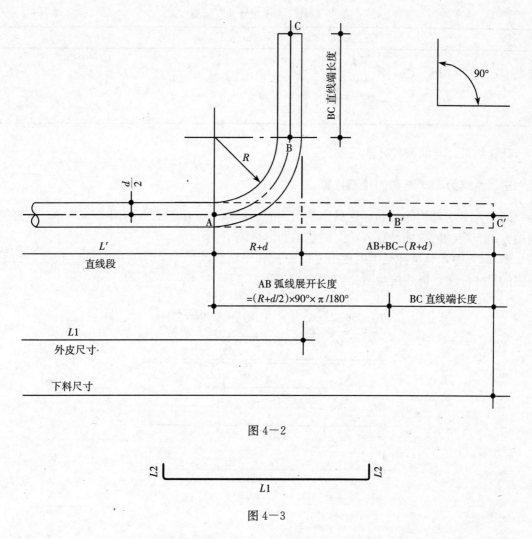

图 4-2

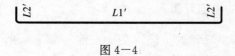

图 4-3

表 4-1、表 4-2 是下料长度计算。

双 90°弯钩"外皮尺寸法"与"中心线法"计算对比　　　　表 4-1

"外皮尺寸法"	"中心线法"
$L1+2L2-2\times 2.288d$ $=L1+2L2-4.576d$	$L1-2(R+d)+2L2-2(R+d)+2(R+0.5d)0.5\pi$ $=L1-7d+2L2-7d+3d\pi$ $=L1+2L2-4.576d$

表 4-1 中的 $R=2.5d$；$2.288d$ 为差值。

通常不用中心线法，而是用外皮尺寸法。两端为 90°弯钩的拉筋也有可能是标注内皮尺寸，见图 4-4、表 4-2。

图 4-4

双 90°弯钩"内皮尺寸法"计算	表 4—2
设：$R=2.5d$；$L1'=L1-2d$；$L2'=L2-d$	
$L1'+2L2'-2\times 0.288d$ $=L1-2d+2(L2-d)-2\times 0.288d$ $=L1+2L2-4d-0.576d$ $=L1+2L2-4.576d$	

计算结果，与前两种方法一致。

三、两端为 135°弯钩的拉筋计算

两端为 135°弯钩的拉筋，是目前常用到的一种样式。在第二章的图 2—20 中，已经把两端为 135°弯钩的拉筋计算方法，讲解的非常详细了。

图 4—5 中，只是补充了内皮尺寸的位置和平法框架图中钩端直线段规定长度。拉筋简图的尺寸标注，仍须按照图 2—20（b）表示。

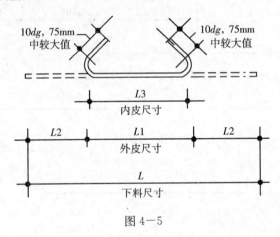

图 4—5

为什么把这种弯钩说成是 135°的弯钩呢？这是因为原来钢筋是笔直的，从直筋弯成这样的钩，是经过旋转 135°，见图 2—5。不能从内侧看，从内侧看就错了。135°弯钩，不能全部采用外皮尺寸标注。只有筋的主体，即水平部分，用外皮尺寸标注。而 135°弯钩部分，则是标注下料长度减去水平部分的外皮尺寸，两钩各二分之一。

在第二章表 2—2 中，虽然对 135°的外皮差值，给出为 $2.831d$，但是，实际上是不用的。这是因为外皮尺寸的确定（AB、BC、CD、DE、EF）比较麻烦。请看图 4—6，BC 段或 DE 段，都是由两种尺寸加起来的。而且，其中还要计算三角正切值。所以，第二章图 2—9 只说明 $2.831d$ 的理论出处。

图 4—7 也是这样，内皮尺寸的确定（$A'B'$、$B'C'$、$C'D'$、$D'E'$、$E'F'$）比较麻烦。实际上也是不用的。也只是说明 $0.003d$ 的理论出处。

四、两端为 180°弯钩的拉筋计算

图 4—8 表示两端为 180°弯钩的拉筋，在加工前与加工后的形状。也可以认为，是把弯完的钢筋，展开为下料长度的样子。

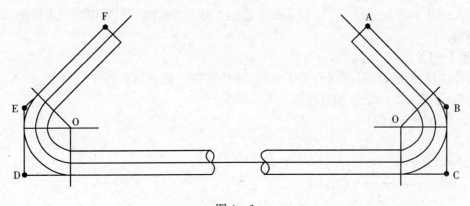

图 4-6

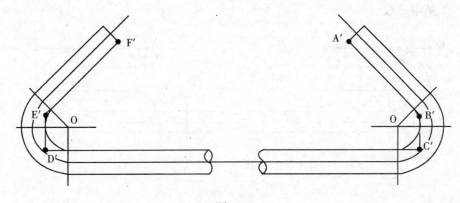

图 4-7

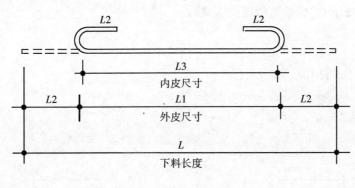

图 4-8

这里再说一下内皮尺寸 $L3$：(1) 如果拉筋直接拉在纵向受力钢筋上，它的内皮尺寸就等于截面尺寸减去两个保护层的大小；(2) 如果拉筋既拉住纵向受力钢筋，而同时又拉住箍筋时，这时还要再加上两倍箍筋直径的尺寸。

在第二章的【例2-3】中，计算过两端为180°弯钩的拉筋，当时采用的方法是中心线法。现在，再用外皮法和内皮法计算，比较一下。

图4-9中的 A、B、C、D、E、F 是外皮包络线，是作为利用外皮求下料长度而画

的；图4—10中的A′、B′、C′、D′、E′、F′也是外皮包络线，也是作为利用外皮求下料长度而画的。

【例4—1】

按外皮尺寸法，计算两端为180°弯钩的钢筋的$L2$值（参看图4—8、图4—9）：设钢筋直径为d；$R=2.5d$；钩端直线部分为$3d$。

问$L2$值等于多少？

解：

$L2 = 4(R+d)+3d-(R+d)-2\times 2.288d$

$\quad = 3(R+d)+3d-4.576d$

$\quad = 3(2.5d+d)+3d-4.576d$

$\quad \approx 8.924d$

与例2—3b基本一致。

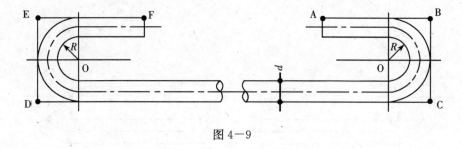

图4—9

【例4—2】

按内皮尺寸法，计算两端为180°弯钩的钢筋的$L2$值（参看图4—8、图4—10）：设钢筋直径为d；$R=2.5d$；钩端直线部分为$3d$。

问$L2$值等于多少？

解：

$L2 = 4R+3d-(R+d)-2\times 0.288d$

$\quad = 4\times 2.5d+3d-2.5d-d-0.576d$

$\quad \approx 8.924d$

与例4—1一致。

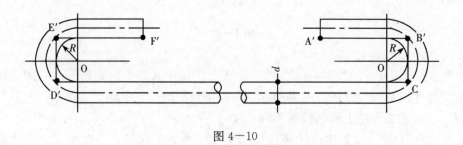

图4—10

五、一端钩≤90°，另一端钩>90°的拉筋计算

如图 4-1 中（d）和（e）所示，就是"拉筋一端钩≤90°，另一端钩>90°"类型的。而在图 4-11 中 $L1$、$L2$ 属于外皮尺寸；$L3$ 属于展开尺寸。有外皮尺寸与外皮尺寸的夹角，外皮差值就用得着了。图 4-1 中的（b）、（c）、（f）、（g）、（h）两端钩处，均须标注展开尺寸。

图 4-11

第二节 拉筋端钩形状的变换

一、两端 135°钩，预加工变换为 90°钩

钢箍的绑扎工作状态为两端 135°钩，而在钢筋的绑扎前，要求预加工两端为 90°钩。也就是说，下料的长度不变。参看图 2-20，$L2$ 标注的是展开长度。而此时要求把钢筋沿外皮弯起 90°钩。此时弯起的高度为（图 4-12）：

$$L2' = (R+d) + (R+d/2) \times 45° \times \pi/180° + md$$

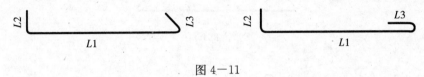

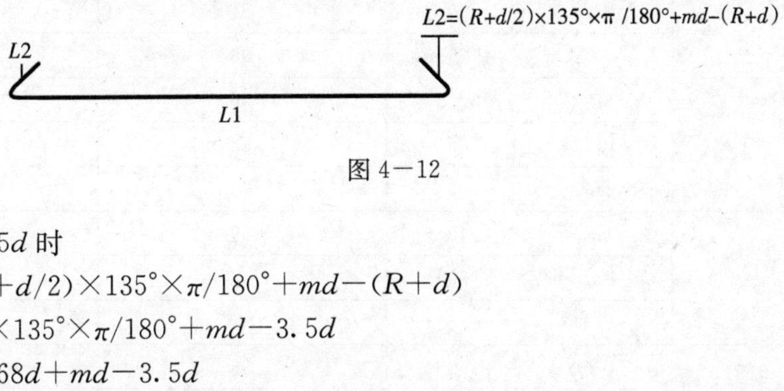

图 4-12

当 $R=2.5d$ 时

$$L2 = (R+d/2) \times 135° \times \pi/180° + md - (R+d)$$
$$= 3d \times 135° \times \pi/180° + md - 3.5d$$
$$= 7.068d + md - 3.5d$$
$$= 3.568d + md$$

$$L2' = (R+d) + (R+d/2) \times 45° \times \pi/180° + md$$
$$= 3.5d + 3d \times 45° \times \pi/180° + md$$
$$= 3.5d + 2.356d + md$$
$$= 5.856d + md$$

验算：

两端 135°钩的下料长度部分为：

$$L1 + 2L2 = L1 + 2 \times (3.568d + md)$$
$$= L1 + 7.136d + 2md$$

预加工为两端 90°钩的下料长度部分为：

$$L1+2L2'=L1+2\times(5.856d+md)-2\times2.288d$$
$$=L1+11.712d+2md-4.576d$$
$$=L1+7.136d+2md$$

验算结果一致。

现在可以这样说，按135°绑扎的端钩，预制为90°的端钩，可按图4—13注写：

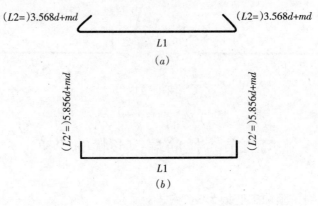

图 4—13

拉筋端钩由 135°预制成 90°时 L2 改注成 L2′的数据表　　　　表 4—3

d_{mm}	md		$L2=3.568d+md$	$L2'=5.856d+md$
6	$5d$	30	51	65
	$10d$	60	81	95
		75	96	110
6.5	$5d$	32.5	56	71
	$10d$	65	88	103
		75	98	113
8	$5d$	40	69	87
	$10d$	80	109	127
		75	104	122
10	$5d$	50	86	109
	$10d$	100	136	159
		75	111	134
12	$5d$	60	103	130
	$10d$	120	163	190
		75	118	145

【例 4—3】

已知具有双端为135°的拉筋（图4—14）：

$d=6$；

$md=5d=30$；

$L1=362$；

$L2=51$；

下料长度 $=L1+2L2=464$。

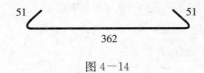

图 4-14

求具有双端为 135°的拉筋中的一个钩预加工为 90°，请利用表 4-3 查找数据，画出钢筋，注出 $L2'$，并计算下料长度以资验算。

解：

查表 4-3 知，$L2'$ 为 65；并且其下料长度

$362+51+65-2.288\times 6=464.272$

验算答案正确，见图 4-15。

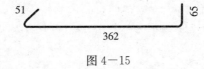

图 4-15

二、两端 180°钩，预加工变换为 90°钩

钢筋的绑扎工作状态为两端 180°钩，而在钢筋的绑扎前，要求预加工两端为 90°钩。也就是说，下料的长度不变。参看图 2-23，$L2$ 标注的是展开长度。而此时要求把钢筋沿外皮弯起 90°钩。此时弯起的高度为：

$$L2' = (R+d)+(R+d/2)\times 90°\times \pi/180°+md$$

```
L2                    L2=(R+d/2)π+md−(R+d)
 └──────────────────┘
          L1
```

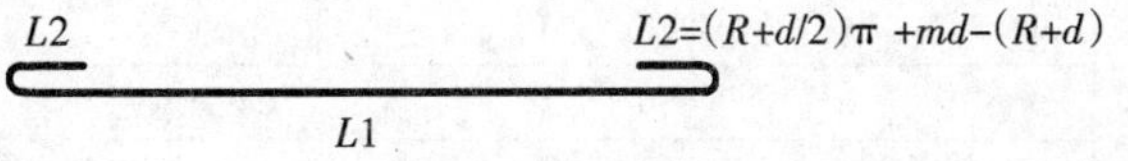

图 4-16

当 $R=2.5d$ 时

$L2 = (R+d/2)\pi+md-(R+d)$

$\quad = 3d\times \pi+md-3.5d$

$\quad = 9.424d+md-3.5d$

$\quad = 5.924d+md$

$L2' = (R+d)+(R+d/2)\times 90°\times \pi/180°+md$

$\quad = 3.5d+3d\times 90°\times \pi/180°+md$

$\quad = 3.5d+4.712d+md$

$\quad = 8.212d+md$

验算：

两端 180°钩的下料长度为：

$$L1+2L2 = L1+2\times(5.924d+md)$$
$$= L1+11.848d+2md$$

预加工为两端 90°钩的下料长度为：
$$L1+2L2' = L1+2\times(8.212d+md)-2\times2.288d$$
$$= L1+16.424d+2md-4.576d$$
$$= L1+11.848d+2md$$

验算结果一致。

现在可以这样说，按 180°绑扎的端钩，预制为 90°的端钩，可按图 4－17 注写：

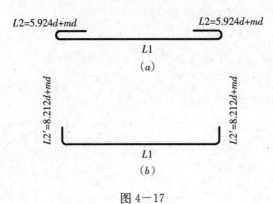

图 4－17

拉筋端钩由 180°预制成 90°时 $L2$ 改注成 $L2'$ 的数据表　　　　表 4－4

d_{mm}		md	$L2=5.924d+md$	$L2'=8.212d+md$
6	$5d$	30	66	79
	$10d$	60	96	109
		75	111	124
6.5	$5d$	32.5	71	86
	$10d$	65	104	119
		75	114	129
8	$5d$	40	87	106
	$10d$	80	127	146
		75	122	141
10	$5d$	50	109	132
	$10d$	100	159	182
		75	134	157
12	$5d$	60	131	159
	$10d$	120	191	219
		75	146	174

表 4－4 中 $L2'$ 只不过比 $L2$ 多了 $2.288d$ 而已（d 为变量）。

【例 4－4】

已知具有双端为 180°的拉筋：

$d=6$;
$md=5d=30$;
$L1=362$；
$L2=66$；

下料长度$=L1+2L2=494$。

简图如图4—18所示。

求具有双端为180°的拉筋中的一个钩预加工为90°，请利用表4—4查找数据，画出拉筋，注出$L2'$，并计算下料长度以资验算。

解：

查表4—4知，$L2'$为79；并且其下料长度

$$362+66+79-2.288\times6=493.272$$

验算答案如图4—19所示，基本正确。

图4—18　　　　　　　　　　　　　图4—19

三、两端端钩反向的拉筋

前面讲过的拉筋，它的端钩均位于同一侧。位于同一侧的拉筋，受拉时是偏心受拉。如果两端端钩是反向的，则力是通过拉筋的重心，受力状态理想。参看图4—20。

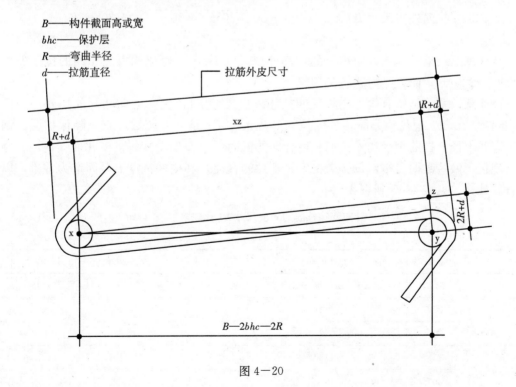

图4—20

xy 平行于构件截面的底边；xz 平行于拉筋的箍身；yz 垂直于 xz。yzx 是直角，称 xz 为底边；称 yz 为对边；称 xy 为斜边。xy 虽然叫做斜边，但是，它是平行于构件截面的底边的。因此它是可以计算出来的，等于 $B-2bhc+5d$。对边也是可以计算出来的，等于 $2R+d$。这样一来，就可以用勾股弦法计算了。

$$xz^2 + yz^2 = xy^2$$
$$yz = 2R + d$$
$$xy = B - 2bhc - 2R$$
$$xz^2 + (2R+d)^2 = (B-2bhc-2R)^2$$
$$xz = \sqrt{(B-2bhc-2R)^2 - (2R+d)^2}$$

∵ 拉筋外皮尺寸　平行于 xz

　拉筋外皮尺寸 = xz + 2R + 2d

∴ $\boxed{拉筋外皮尺寸 L1 = \sqrt{(B-2bhc-2R)^2 - (2R+d)^2} + 2R + 2d}$ （4-1）

【例 4-5】

设有梁 $B = 400$
　　　　$bhc = 25$
　　　　$d = 6$
　　　　$R = 2.5d$

求具有两端 135°钩，而方向相反的拉筋外皮尺寸和 L1。

解：

$$拉筋外皮尺寸 L1 = \sqrt{(400-50-30)^2 - (30+6)^2} + 30 + 12$$
$$= 360$$

从计算结果来看，钩方向相反的拉筋外皮尺寸 L1，反而比钩方向相同的拉筋外皮尺寸 L1 节省 2mm，而且受力状态又理想。

请注意，并不是所有钩方向相反的拉筋外皮尺寸 L1，比钩方向相同的拉筋外皮尺寸 L1 都节省 2mm。记住钩方向相反的拉筋外皮尺寸 L1 是多元函数，它是随保护层、钢筋加工弯曲半径、拉筋直径和沿拉筋长度方向的截面尺寸 B 四个变量的变化而变化。

现在，做些数据表格，每张表格中，把拉筋直径 d 和构件宽度 B，固定为常量，以便于查看计算。见表 4-5 到表 4-15。

同向、异向双钩拉筋的外皮尺寸 L1 比较表　（mm）　表 4-5

限于 $B = 150$；$R = 2.5d$ 使用

d	bhc	端钩同向	端钩异向
		$L1 = B - 2bhc + 2d$	$L1 = \sqrt{(B-2bhc-2R)^2 - (2R+d)^2} + 2R + 2d$
6	25	112	102
6	30	102	90
6.5	25	113	101
6.5	30	103	88

续表

d	bhc	端钩同向 $L1=B-2bhc+2d$	端钩异向 $L1=\sqrt{(B-2bhc-2R)^2-(2R+d)^2}+2R+2d$
8	25	116	93
	30	106	72
10	25	—	—
	30	—	—
12	25	—	—
	30	—	—

同向、异向双钩拉筋的外皮尺寸 $L1$ 比较表　　（mm）　　表 4—6

限于 $B=180$；$R=2.5d$ 使用

d	bhc	端钩同向 $L1=B-2bhc+2d$	端钩异向 $L1=\sqrt{(B-2bhc-2R)^2-(2R+d)^2}+2R+2d$
6	25	142	135
	30	132	125
6.5	25	143	135
	30	133	124
8	25	146	132
	30	136	120
10	25	150	123
	30	140	106
12	25	—	—
	30	—	—

同向、异向双钩拉筋的外皮尺寸 $L1$ 比较表　　（mm）　　表 4—7

限于 $B=200$；$R=2.5d$ 使用

d	bhc	端钩同向 $L1=B-2bhc+2d$	端钩异向 $L1=\sqrt{(B-2bhc-2R)^2-(2R+d)^2}+2R+2d$
6	25	162	157
	30	152	146
6.5	25	163	156
	30	153	146
8	25	166	155
	30	156	144
10	25	170	150
	30	160	137
12	25	174	138
	30	164	119

同向、异向双钩拉筋的外皮尺寸 $L1$ 比较表 （mm） 表4—8

限于 $B=250$；$R=2.5d$ 使用

d	bhc	端钩同向 $L1=B-2bhc+2d$	端钩异向 $L1=\sqrt{(B-2bhc-2R)^2-(2R+d)^2}+2R+2d$
6	25	212	208
	30	202	198
6.5	25	213	208
	30	203	198
8	25	216	209
	30	206	198
10	25	220	207
	30	210	197
12	25	224	204
	30	214	192

同向、异向双钩拉筋的外皮尺寸 $L1$ 比较表 （mm） 表4—9

限于 $B=300$；$R=2.5d$ 使用

d	bhc	端钩同向 $L1=B-2bhc+2d$	端钩异向 $L1=\sqrt{(B-2bhc-2R)^2-(2R+d)^2}+2R+2d$
6	25	262	259
	30	252	249
6.5	25	263	260
	30	253	249
8	25	266	260
	30	256	250
10	25	270	261
	30	260	250
12	25	274	260
	30	264	249

同向、异向双钩拉筋的外皮尺寸 $L1$ 比较表 （mm） 表4—10

限于 $B=350$；$R=2.5d$ 使用

d	bhc	端钩同向 $L1=B-2bhc+2d$	端钩异向 $L1=\sqrt{(B-2bhc-2R)^2-(2R+d)^2}+2R+2d$
6	25	312	310
	30	302	300
6.5	25	313	310
	30	303	300

续表

d	bhc	端钩同向 $L1=B-2bhc+2d$	端钩异向 $L1=\sqrt{(B-2bhc-2R)^2-(2R+d)^2}+2R+2d$
8	25	316	312
8	30	306	301
10	25	320	313
10	30	310	302
12	25	324	313
12	30	314	302

同向、异向双钩拉筋的外皮尺寸 $L1$ 比较表 （mm） 表 4—11

限于 $B=400$；$R=2.5d$ 使用

d	bhc	端钩同向 $L1=B-2bhc+2d$	端钩异向 $L1=\sqrt{(B-2bhc-2R)^2-(2R+d)^2}+2R+2d$
6	25	362	360
6	30	352	350
6.5	25	363	361
6.5	30	353	351
8	25	366	362
8	30	356	352
10	25	370	364
10	30	360	354
12	25	374	365
12	30	364	355

同向、异向双钩拉筋的外皮尺寸 $L1$ 比较表 （mm） 表 4—12

限于 $B=450$；$R=2.5d$ 使用

d	bhc	端钩同向 $L1=B-2bhc+2d$	端钩异向 $L1=\sqrt{(B-2bhc-2R)^2-(2R+d)^2}+2R+2d$
6	25	412	410
6	30	402	400
6.5	25	413	411
6.5	30	403	401
8	25	416	413
8	30	406	403
10	25	420	415
10	30	410	405
12	25	424	416
12	30	414	406

同向、异向双钩拉筋的外皮尺寸 L1 比较表 （mm） 表 4—13

限于 $B=500$；$R=2.5d$ 使用

d	bhc	端钩同向	端钩异向
		$L1=B-2bhc+2d$	$L1=\sqrt{(B-2bhc-2R)^2-(2R+d)^2}+2R+2d$
6	25	462	461
	30	452	450
6.5	25	463	461
	30	453	451
8	25	466	463
	30	456	453
10	25	470	466
	30	460	455
12	25	474	467
	30	464	457

同向、异向双钩拉筋的外皮尺寸 L1 比较表 （mm） 表 4—14

限于 $B=550$；$R=2.5d$ 使用

d	bhc	端钩同向	端钩异向
		$L1=B-2bhc+2d$	$L1=\sqrt{(B-2bhc-2R)^2-(2R+d)^2}+2R+2d$
6	25	512	511
	30	502	501
6.5	25	513	511
	30	503	501
8	25	516	514
	30	506	503
10	25	520	516
	30	510	506
12	25	524	518
	30	514	508

同向、异向双钩拉筋的外皮尺寸 $L1$ 比较表　　（mm）　　表 4—15

限于 $B=600$；$R=2.5d$ 使用

d	bhc	端钩同向 $L1=B-2bhc+2d$	端钩异向 $L1=\sqrt{(B-2bhc-2R)^2-(2R+d)^2}+2R+2d$
6	25	562	561
6	30	552	551
6.5	25	563	561
6.5	30	553	552
8	25	566	564
8	30	556	554
10	25	570	566
10	30	560	556
12	25	574	569
12	30	564	559

请特别要注意，当钢筋弯曲半径（$R=2.5d$）＜纵向受力钢筋的直径时，应该用纵向受力钢筋的直径取代（$R=2.5d$），另行计算。

再比如，具有异向钩的拉筋，绑扎后的样子和尺寸，如图 4—21 (a)：

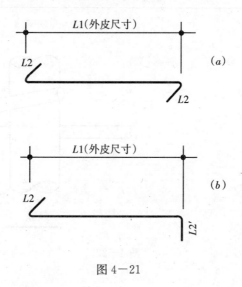

图 4—21

该拉筋预加工成 90°，图 4—21 (b)。图中 $L2'=L2+$ 外皮差值。外皮差值见表 2—2。

四、同时勾住纵向受力钢筋和箍筋的拉筋

在梁、柱构件中经常遇到拉筋同时勾住纵向受力钢筋和箍筋。参见图 4—22。这种钢箍的外皮长度尺寸，比只勾住纵向受力钢筋的拉筋，长两个箍筋直径。如果是具有异向的钩的拉筋，可以采用表 4—5～表 4—15 中的数据计算。

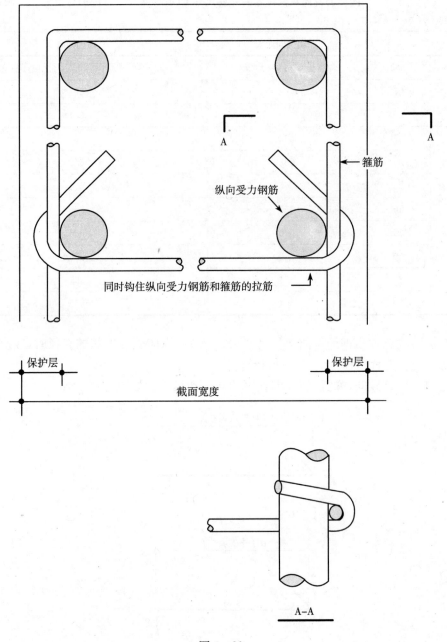

图 4—22

从公式 4—1 根号中的因子分析可以看出，外皮尺寸 $L1$ 存在定义域，截面宽度是有限度的。

练 习 四

1. 拉筋共有几种样式，它们各自的特点是什么？

2. "差值"是用在"中心线法"中吗?
3. 拉筋的下料长度计算,哪种计算方法最方便?
4. 拉筋两端同为135°弯钩,问两弯钩同向省料?还是反向省料?
5. 对于具有180°弯钩钢筋,人们常说的6.25d,它是指受力主筋,还是指箍筋?
6. 拉筋端部的弯钩尺寸,是如何计算标注的?
7. 拉筋的180°弯钩,能用外皮法或内皮法计算吗?
8. 图纸上已给出135°弯钩处的尺寸,但是,想事先预加工成90°弯钩,问如何换算成外皮尺寸?

第五章 梁柱截面中间局部箍筋

第一节 梁柱截面中间局部箍筋的概念

梁、柱构件的截面较大时,根据构造要求,除了紧贴周边纵向受力钢筋外皮设置钢箍外,还需要设置局部箍筋。梁宽大于或等于350mm时,需要设置四肢箍筋,或梁中纵向受力钢筋,在一排中多于五根时,宜采用四肢箍筋。但是,四肢箍筋,又有两种配置方案:一种是外围箍筋加局部箍筋(见图5-1和图5-2);另一种是两个局部箍筋相搭接(见图5-3)。

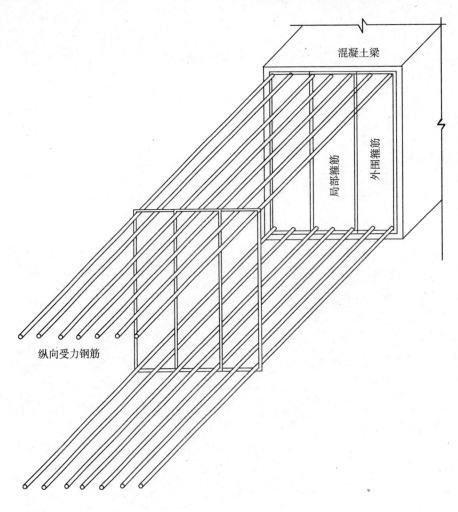

图5-1

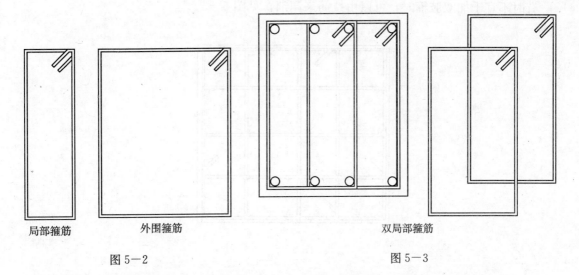

局部箍筋　　　外围箍筋　　　　　　双局部箍筋

图 5-2　　　　　　　　　　　图 5-3

箍筋在梁中除了增强抵抗斜拉破坏外，它还能固定梁和柱中的纵向受力钢筋，不产生位移，以保证其力学性能要求，也利于浇筑混凝土而不致影响混凝土施工质量。

混凝土柱中的纵向受力钢筋，要求每隔一根限制自由度（位移）。经绑扎后，它不能上、下、左、右移动，见图 5-4。

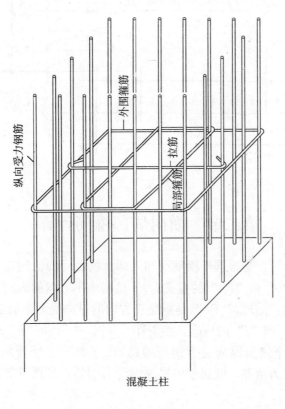

混凝土柱

图 5-4

69

有时不宜于加双肢箍时，可以由拉筋来调剂，见图5-5。

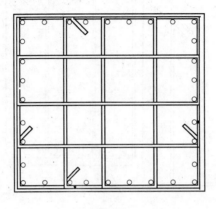

图5-5

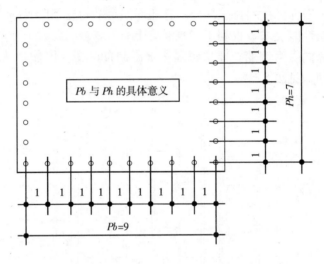

图5-6

第二节　横向局部箍筋计算

横向局部箍筋的计算，是根据外围箍筋和局部箍筋之间的比例关系进行计算的。参看图5-6，先讲一下"Pb"和"Ph"的意义。Pb是指水平方向的纵向受力钢筋之间的空隙数。以后计算会用到它。同理，"Ph"是指竖直方向的纵向受力钢筋之间的空隙数。

下面再讲一下"i"和"j"的概念。参看图5-7。"i"和"j"都是为以后计算局部箍筋做准备的。i是一个横排纵向受力钢筋的总数。j是一个竖排纵向受力钢筋的总数。右下脚的那一根纵向受力钢筋，既属于横排纵向受力钢筋，又属于竖排纵向受力钢筋，是可以共用的。

前面已经讲过，箍筋通常是标内皮尺寸的。局部箍筋的内皮尺寸如何计算呢？其前提是箍筋的间隔必须是均匀的。如横向局部箍筋计算原理图（图5-7）所示。首先考虑竖

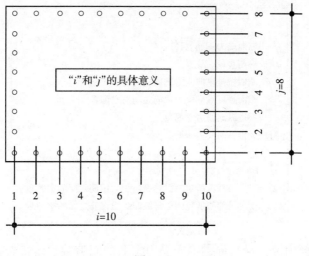

图 5-7

排纵向受力钢筋的间隙数目 Ph 也即

$Ph=j-1$

再从图 5-8 中求出横向局部箍筋沿竖向的内皮尺寸。即先求

$Qh=i-1$

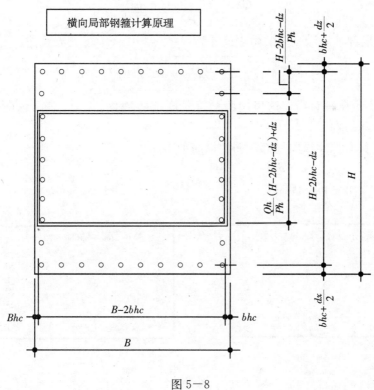

图 5-8

```
符号注释
dz——纵向受力钢筋直径
dg——箍筋直径
Pb——截面横排纵向受力钢筋之间总空隙数
Ph——截面竖排纵向受力钢筋之间总空隙数
 i——横排纵向受力钢筋数
 j——竖排纵向受力钢筋数
Pb=i-1
Ph=j-1
Qb——竖向局部箍所包围横排纵向受力钢筋之间的空隙数
Qh——横向局部箍所包围竖排纵向受力钢筋之间的空隙数
```

即横向局部箍筋内部，沿竖向的纵向受力钢筋的间隙数目。接着，按下列步骤进行：

1. 求右侧竖排筋的上、下两端钢筋中心线间距离为

$$H-2bhc-dz$$

2. 求相邻两筋中心线间距离为

$$\frac{H-2bhc-dz}{Ph}$$

3. 求横向局部箍筋内沿竖向若干钢筋中心线间距离为

$$\frac{Qh\times(H-2bhc-dz)}{Ph}$$

4. 求横向局部箍筋沿竖向的内皮尺寸为

$$\boxed{\frac{Qh}{Ph}(H-2bhc-dz)+dz} \tag{5-1}$$

因为图中出现两种直径，这里用两种符号规定两种直径：dz 表示纵向受力钢筋的直径；dg 表示箍筋的直径。

图 5-9 是具有标注横向局部箍筋的箍筋加工图。

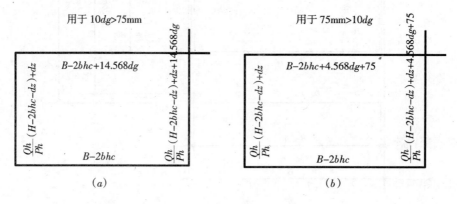

图 5-9

第三节 竖向局部箍筋计算

上面说的横向局部箍筋,只是在柱中使用。而竖向局部箍筋,既可以在柱中使用,又可以在梁中使用。竖向局部箍筋计算,和横向局部箍筋计算的方法,基本上是一样的。前面如图5-3的双竖向局部箍筋,有时是用在梁中。它在柱中,通常是不使用的。

一、竖向局部箍筋计算原理

图5-10为竖向局部箍筋计算的原理图。

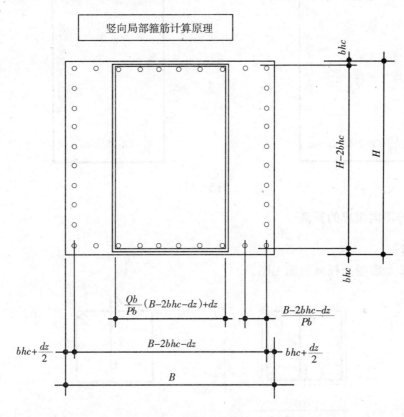

图 5-10

首先考虑一个横排纵向受力钢筋的间隙数目 Pb 等于多少?也可以按 $Pb=i-1$ 计算。再看图中如何求出竖向局部箍筋沿横向的内皮尺寸。先求 Qb,即竖向局部箍筋内部,沿横向的纵向受力钢筋的间隙数目。接着,按下列步骤进行:

1. 求底部横排筋的左、右两筋中心线间距离为
$$B-2bhc-dz$$

2. 求相邻两筋中心线间距离为
$$\frac{B-2bhc-dz}{Pb}$$

3. 求竖向局部箍筋内两头横向钢筋中心线间距离为

$$\frac{Qb \times (B-2bhc-dz)}{Pb}$$

4. 求竖向局部箍筋沿横向的内皮尺寸为

$$\left[\frac{Qb}{Pb}(B-2bhc-dz)+dz\right] \tag{5-2}$$

图 5-11 是竖向局部箍筋的加工尺寸图。

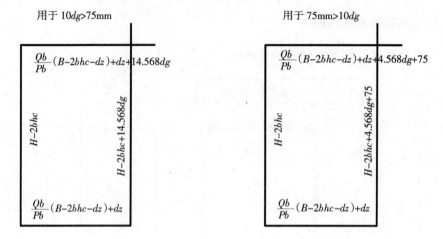

图 5-11

二、各种不同情况的算例

【例 5-1】

图 5-12 是混凝土柱截面施工图。

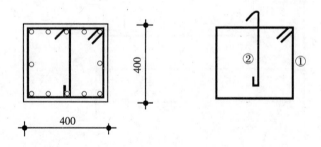

图 5-12

已知：箍筋和拉筋的直径 $d=6$；
   柱截面宽度 $B=400$；
   柱截面高度 $H=400$；
   箍筋端钩角度 $=135°$；
   拉筋端钩角度 $=135°$、$180°$ 各一；
   保护层 $bhc=30mm$；

箍筋和拉筋的弯曲半径 $R=2.5d$。

求 L1、L2、L3、L4 和下料长度。

解：
1. 计算箍筋

(1) 箍筋宽度内皮尺寸为

$L1 = H - 2bhc$
$\quad = 400 - 60$
$\quad = 340$

(2) 箍筋高度内皮尺寸为

$L2 = B - 2bhc$
$\quad = 400 - 60$
$\quad = 340$

(3) 箍筋右翼筋沿内皮尺寸展开长度为

$L3 = H - 2bhc + 4.568d + 75$
$\quad = 400 - 60 + 27.408 + 75$
$\quad \approx 442$

(4) 箍筋上翼筋沿内皮尺寸展开长度为

$L4 = B - 2bhc + 4.568d + 75$
$\quad = 400 - 60 + 27.408 + 75$
$\quad \approx 442$

(5) 箍筋下料长度为

$\quad L1 + L2 + L3 + L4 - 3 \times 0.288d$
$= 1564 - 5.184$
≈ 1559

2. 计算拉筋

(1) 拉筋外皮长度

$L1 = H - 2bhc + 2d$
$\quad = 400 - 60 + 12$
$\quad = 352$

$L2 = 5.924d + 75$（180°钩部分，参看图 4—17）
$\quad \approx 111$

$L3 = 3.568d + 75$（135°钩部分，参看图 4—13）
$\quad \approx 96$

钢筋材料明细表　　　　　表 5—1

钢筋编号	简　图	规　格	下料长度	数　量
①	340 442 442 340	φ6	1559	22
②	111　96 352	φ6	559	22

(2) 拉筋下料长度

$L1+L2+L3=559$

把具有答案的简图,放入在表 5-1 中。

【例 5-2】

图 5-13 是混凝土梁截面施工图。

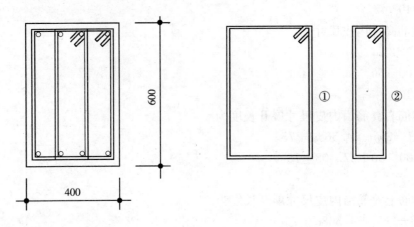

图 5-13

已知:梁截面有两个箍筋:①外围箍筋;②竖向局部箍筋。

还知道:

箍筋的直径 $d=6$;

纵向受力钢筋的直径 $dz=22$;

梁截面宽度 $B=400$;

梁截面高度 $H=600$;

箍筋端钩角度 $=135°$;

保护层 $bhc=25\text{mm}$;

箍筋的弯曲半径 $R=2.5d$;

$i=4$,

$Pb=i-1$

　　$=3$;

$Qb=1$。

求两个箍筋各自的 $L1$、$L2$、$L3$、$L4$ 和下料长度。

解:

1. 计算箍筋①

(1) 箍筋高度内皮尺寸为

$L1=H-2bhc$

　　$=600-50$

　　$=550$

(2) 箍筋宽度内皮尺寸为

$$L2 = B - 2bhc$$
$$= 400 - 50$$
$$= 350$$

(3) 箍筋右翼筋沿内皮尺寸展开长度为
$$L3 = H - 2bhc + 4.568d + 75$$
$$= 600 - 50 + 27.408 + 75$$
$$\approx 652$$

(4) 箍筋上翼筋沿内皮尺寸展开长度为
$$L4 = B - 2bhc + 4.568d + 75$$
$$= 400 - 50 + 27.408 + 75$$
$$\approx 452$$

(5) 箍筋下料长度为
$$L1 + L2 + L3 + L4 - 3 \times 0.288d$$
$$= 2004 - 5.184$$
$$\approx 1999$$

2. 计算竖向局部箍筋②

(1) 箍筋高度内皮尺寸为
$$L1 = H - 2bhc$$
$$= 600 - 50$$
$$= 550$$

(2) 箍筋宽度内皮尺寸为
$$L2 = \frac{Qb}{Pb}(B - 2bhc - dz) + dz$$
$$= \frac{1}{3}(400 - 50 - 22) + 22$$
$$\approx 131$$

(3) 箍筋右翼筋沿内皮尺寸展开长度为
$$L3 = H - 2bhc + 4.568d + 75$$
$$= 600 - 50 + 27.408 + 75$$
$$\approx 652$$

(4) 箍筋上翼筋沿内皮尺寸展开长度为
$$L4 = \frac{Qb}{Pb}(B - 2bhc - dz) + dz + 4.568d + 75$$
$$= \frac{1}{3}(400 - 50 - 22) + 22 + 27.408 + 75$$
$$\approx 234$$

(5) 箍筋下料长度为
$$L1 + L2 + L3 + L4 - 3 \times 0.288d$$
$$= 550 + 131 + 652 + 234 - 5.184$$
$$= 1562$$

把具有答案的简图，放入在表 5-2 中。

钢筋材料明细表　　　　　　　　　　　　　　　　　表 5-2

钢筋编号	简　图	规　格	下料长度	数　量
①	550　452　652　350	φ6	1999	22
②	550　234　652　131	φ6	1562	22

【例 5-3】

图 5-14 是混凝土梁截面施工图。

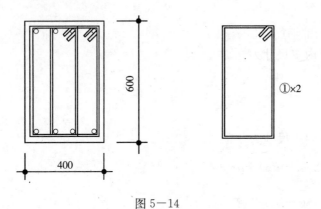

图 5-14

已知：梁截面有两个箍筋，是形状和尺寸完全相同的竖向局部箍筋。
还知道：
箍筋的直径 $d=8$；
纵向受力钢筋的直径 $dz=22$；
梁截面宽度 $B=400$；
梁截面高度 $H=600$；
箍筋端钩角度 $=135°$；
保护层 $bhc=25\text{mm}$；
箍筋的弯曲半径 $R=2.5d$；
$i=4$；
$Pb=i-1$
$\quad =3$；
$Qb=2$。

因为两个箍筋是形状和尺寸完全相同的竖向局部箍筋，所以，求一个箍筋就可以了。

箍筋的 L1、L2、L3、L4 和下料长度，计算如下。

解：

计算竖向局部箍筋①如下。

1. 箍筋高度内皮尺寸为

$$L1 = H - 2bhc$$
$$= 600 - 50$$
$$= 550$$

2. 箍筋宽度内皮尺寸为

$$L2 = \frac{Qb}{Pb}(B - 2bhc - dz) + dz$$
$$= \frac{2}{3}(400 - 50 - 22) + 22$$
$$\approx 241$$

3. 箍筋右翼筋沿内皮尺寸展开长度为

$$L3 = H - 2bhc + 14.568d \quad\quad (d=8)$$
$$= 600 - 50 + 116.544$$
$$\approx 667$$

4. 箍筋上翼筋沿内皮尺寸展开长度为

$$L4 = \frac{Qb}{Pb}(B - 2bhc - dz) + dz + 14.568 \times 8$$
$$= \frac{2}{3}(400 - 50 - 22) + 22 + 116.544$$
$$\approx 358$$

5. 箍筋下料长度为

$$L1 + L2 + L3 + L4 - 3 \times 0.288 \times 8$$
$$= 550 + 241 + 667 + 358 - 6.912$$
$$= 1809$$

把具有答案的简图，放入在表 5-3 中。

钢筋材料明细表　　　　　　　　　　　　　　　表 5-3

钢筋编号	简　图	规　格	下料长度	数　量
①	358 550 667 241	φ8	1809	44

【例 5-4】

如图 5-15 所示，已知柱截面有三个箍筋：①外围箍筋；②竖向局部箍筋；③横向局部箍筋。

还知道：

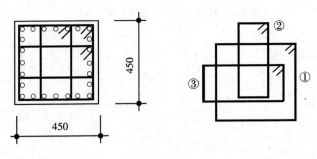

图 5—15

箍筋的直径 $d=6$；
纵向受力钢筋的直径 $dz=22$；
柱截面宽度 $B=450$；
柱截面高度 $H=450$；
箍筋端钩角度 $=135°$；
保护层 $bhc=30mm$；
箍筋的弯曲半径 $R=2.5d$；
$i=7$；
$j=7$；
$Pb=i-1=6$；
$Ph=j-1=6$；
$Qb=2$；
$Qh=2$。
求三个箍筋各自的 $L1$、$L2$、$L3$、$L4$ 和下料长度。

解：

1. 计算箍筋①

(1) 箍筋高度内皮尺寸为

$L1 = H - 2bhc$
　　$= 450 - 60$
　　$= 390$

(2) 箍筋宽度内皮尺寸为

$L2 = B - 2bhc$
　　$= 450 - 60$
　　$= 390$

(3) 箍筋右翼筋沿内皮尺寸展开长度为

$L3 = H - 2bhc + 4.568d + 75$
　　$= 450 - 60 + 27.408 + 75$
　　≈ 492

(4) 箍筋上翼筋沿内皮尺寸展开长度为

$L4 = B - 2bhc + 4.568d + 75$

$=450-60+27.408+75$

≈ 492

(5) 箍筋下料长度为

$L1+L2+L3+L4-3\times 0.288d$

$=1764-5.184$

≈ 1759

2. 计算竖向局部箍筋②

(1) 箍筋高度内皮尺寸为

$L1=H-2bhc$

$\quad =450-60$

$\quad =390$

(2) 箍筋宽度内皮尺寸为

$L2=\dfrac{Qb}{Pb}(B-2bhc-dz)+dz$

$\quad =\dfrac{2}{6}(450-60-22)+22$

$\quad \approx 145$

(3) 箍筋右翼筋沿内皮尺寸展开长度为

$L3=H-2bhc+4.568d+75$ ———— $(d=6)$

$\quad =450-60+102.408$

$\quad \approx 492$

(4) 箍筋上翼筋沿内皮尺寸展开长度为

$L4=\dfrac{Qb}{Pb}(B-2bhc-dz)+dz+4.568\times 6+75$

$\quad =\dfrac{2}{6}(450-60-22)+22+102.408$

$\quad \approx 247$

(5) 箍筋下料长度为

$L1+L2+L3+L4-3\times 0.288\times 6$

$=390+145+492+247-5.184$

≈ 1269

3. 计算横向局部箍筋③

(1) 箍筋高度内皮尺寸为

$L1=\dfrac{Qh}{Ph}(H-2bhc-dz)+dz$

$\quad =\dfrac{2}{6}(450-60-22)+22$

$\quad =145$

(2) 箍筋宽度内皮尺寸为

$L2=B-2bhc$

81

$$= 450 - 60$$
$$\approx 390$$

(3) 箍筋右翼筋沿内皮尺寸展开长度为

$$L3 = \frac{Qh}{Ph}(H - 2bhc - dz) + dz + 4.568d + 75 \quad\quad (d=6)$$

$$= \frac{2}{6}(450 - 60 - 22) + 22 + 102.408$$

$$\approx 247$$

(4) 箍筋上翼筋沿内皮尺寸展开长度为

$$L4 = B - 2bhc + 4.568 \times 6 + 75$$
$$= 450 - 60 + 102.408$$
$$\approx 492$$

(5) 箍筋下料长度为

$$L1 + L2 + L3 + L4 - 3 \times 0.288 \times 6$$
$$= 145 + 390 + 247 + 492 - 5.184$$
$$\approx 1269$$

把具有答案的简图，放入在表 5-4 中。

钢筋材料明细表　　　　　　　　　　　　　　　表 5-4

钢筋编号	简　图	规　格	下料长度	数　量
①	492／390／492／390	φ6	1759	44
②	247／390／492／145	φ6	1269	44
③	145／492／390／247	φ6	1269	44

【例 5-5】

已知：如图 5-16 所示，柱截面有三个箍筋：①外围箍筋；②竖向局部箍筋；③横向局部箍筋。

还知道：

箍筋的直径 $d=10$；

纵向受力钢筋的直径 $dz=22$；

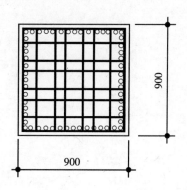
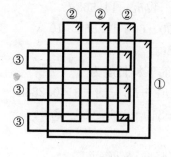

图 5-16

柱截面宽度 $B=900$；
柱截面高度 $H=900$；
箍筋端钩角度$=135°$；
保护层 $bhc=30\text{mm}$；
箍筋的弯曲半径 $R=2.5d$；
$i=15$；
$j=15$；
$Pb=i-1=14$；
$Ph=j-1=14$；
$Qb=2$；
$Qh=2$。

求三个箍筋各自的 $L1$、$L2$、$L3$、$L4$ 和下料长度。

解：

1. 计算箍筋①

(1) 箍筋高度内皮尺寸为

$L1 = H-2bhc$
$\quad = 900-60$
$\quad = 840$

(2) 箍筋宽度内皮尺寸为

$L2 = B-2bhc$
$\quad = 900-60$
$\quad = 840$

(3) 箍筋右翼筋沿内皮尺寸展开长度为

$L3 = H-2bhc+14.568d$
$\quad = 900-60+14.568\times10$
$\quad \approx 986$

(4) 箍筋上翼筋沿内皮尺寸展开长度为

$$L4 = B - 2bhc + 14.568d$$
$$= 900 - 60 + 14.568 \times 10$$
$$\approx 986$$

(5) 箍筋下料长度为

$$L1 + L2 + L3 + L4 - 3 \times 0.288d$$
$$= 840 + 840 + 986 + 986 - 8.64$$
$$\approx 3643$$

2. 计算竖向局部箍筋②

(1) 箍筋高度内皮尺寸为

$$L1 = H - 2bhc$$
$$= 900 - 60$$
$$= 840$$

(2) 箍筋宽度内皮尺寸为

$$L2 = \frac{Qb}{Pb}(B - 2bhc - dz) + dz$$
$$= \frac{2}{14}(900 - 60 - 22) + 22$$
$$\approx 139$$

(3) 箍筋右翼筋沿内皮尺寸展开长度为

$$L3 = H - 2bhc + 14.568d \quad\quad (d = 10)$$
$$= 900 - 60 + 14.568 \times 10$$
$$\approx 986$$

(4) 箍筋上翼筋沿内皮尺寸展开长度为

$$L4 = \frac{Qb}{Pb}(B - 2bhc - dz) + dz + 14.568 \times 10$$
$$= \frac{2}{14}(900 - 60 - 22) + 22 + 145.68$$
$$\approx 285$$

(5) 箍筋下料长度为

$$L1 + L2 + L3 + L4 - 3 \times 0.288 \times 10$$
$$= 840 + 139 + 986 + 285 - 8.64$$
$$\approx 2241$$

3. 计算横向局部箍筋③

(1) 箍筋高度内皮尺寸为

$$L1 = \frac{Qh}{Ph}(H - 2bhc - dz) + dz$$
$$= \frac{2}{14}(900 - 60 - 22) + 22$$
$$= 139$$

(2) 箍筋宽度内皮尺寸为

$L2 = B - 2bhc$
$\quad = 900 - 60$
$\quad \approx 840$

(3) 箍筋右翼筋沿内皮尺寸展开长度为

$L3 = \dfrac{Qh}{Ph}(H-2bhc-dz)+dz+14.568d \quad\quad (d=10)$

$\quad = \dfrac{2}{14}(900-60-22)+22+145.68$

$\quad \approx 285$

(4) 箍筋上翼筋沿内皮尺寸展开长度为

$L4 = B - 2bhc + 14.568 \times 10$
$\quad = 900 - 60 + 145.68$
$\quad \approx 986$

(5) 箍筋下料长度为

$\quad L1+L2+L3+L4-3\times 0.288 \times 10$
$= 139 + 840 + 285 + 986 - 8.64$
≈ 2241

把具有答案的简图，放入在表5-5中。

钢筋材料明细表　　　　　　　　　　　　　表5-5

钢筋编号	简　图	规　格	下料长度	数　量
①	986 / 840 986 / 840	φ10	3643	44
②	285 / 840 986 / 139	φ10	2241	44
③	139 986 / 840 285	φ10	2241	44

练　习　五

1. 有 Qb、Qh、Pb 和 Ph 四个元素，问局部竖箍使用哪几个元素？再问局部横箍又使用哪几个元素？

2. 试根据 i 和 j，算出 Pb 和 Ph。

3. 利用例 5-4 和图 5-15，只不过是把柱截面的尺寸，改为 500×500，求它的局部竖箍和局部横箍的加工尺寸和下料尺寸。

4. 利用例 5-5 和图 5-16，只不过是把柱截面的尺寸，改为 1000×1000，求它的局部竖箍和局部横箍的加工尺寸和下料尺寸。

第六章 变截面构件箍筋

第一节 变截面悬挑梁箍筋

一、变截面构件箍筋的概念

参看图 6-1，悬挑梁距柱 50mm 开始设置箍筋，一直到距梁端 50mm+$b1$ 处为止。

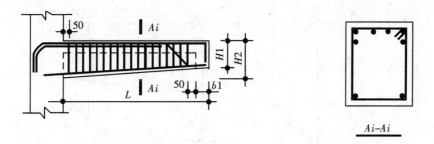

图 6-1

当一个构件沿长度方向，截面尺寸发生变化，如图 6-2 所示，一个比一个小。处于不同的截面的箍筋，高度尺寸是不一样的。再如构筑物钢筋混凝土烟囱和球面以及回转面薄壳体，当沿其回转轴线移动，并垂直其回转轴截断时，可以获得若干大小不同的圆形截面。当在工程中，遇到构件沿长度方向，截面尺寸发生变化时，就必须根据箍筋的间距和配置范围，一个一个地算出它们的加工尺寸和下料尺寸。

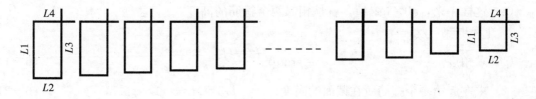

图 6-2

二、悬挑梁箍筋的计算

如何计算图 6-1 所示的一系列不同尺寸的箍筋，首先要知道，第一个箍筋的位置。是位于距梁根部分 50mm 的地方。

1. 变截面构件箍筋尺寸变化规律 把图 6-1 和图 6-3 结合起来看箍筋尺寸有如下变化

特点:

(1) 每个箍筋宽度，都是一样的，只是高度不同。

相邻两个箍筋的高度差，就是 ac 两点间的距离。也就是说，所有相邻两个箍筋的高度差大小都等于 ac；

(2) 从图 6-3 中可以看出，∠abc=α°，因为∠abc 是 α°的同位角；

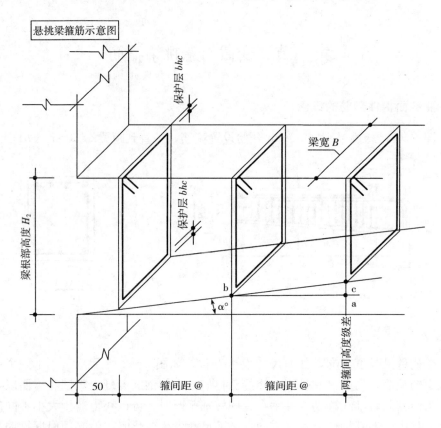

图 6-3

(3) 这样一来，ab×tgα°值，就是相邻两个箍筋的高度差。

2. 计算步骤

(1) 求角度 $\qquad \alpha°=\text{arctg}\dfrac{H2-H1}{L}$ (6-1)

(2) 求左起第一个箍筋所在截面的高度 $\quad H3=H2-50\times\text{tg}\alpha°$ (6-2)

(3) 求左起第一个箍筋的高度 $\quad K1=H2-50\times\text{tg}\alpha°-2\times bhc$ (6-3)

(4) 求相邻两个箍筋的高度差 $\quad ca=ab\times\text{tg}\alpha°$ ——— (ab 为箍筋间距) (6-4)

(5) 求箍筋的内皮宽度 $\quad Bg=B-2\times bhc$ (6-5)

(6) 求箍筋数量 $\quad Gjsl=\dfrac{L-100-b1}{ab}+1$ (6-6)

【例 6-1】

参看图 6-1，已知：

悬挑梁的外伸臂长度 $L=3000$mm；

梁宽 $B=300$mm；

梁根部高度 $H2=500$mm；

梁端部高度 $H1=300$mm；

箍筋直径 $d=6$mm；

$b1=200$mm；

箍筋间距@＝ab＝200mm；

保护层 $bhc=25$mm；

箍筋加工弯曲半径 $R=2.5d$。

解：

（1）求角度
$$\alpha°=\text{arctg}\frac{H2-H1}{L}$$
$$=\text{arctg}\frac{500-300}{3000}$$
$$=\text{arctg}0.0666$$
$$=3.814°$$

（2）求左起第一个箍筋内皮的高度
$$K1=H2-50\times\text{tg}\alpha°-2\times bhc$$
$$=500-3.333-50$$
$$=447$$

（3）求相邻两个箍筋的高度差
$$ca=ab\times\text{tg}\alpha° \quad\text{（ab 为箍筋间距）}$$
$$=200\times0.0666$$
$$=13.333$$

（4）求箍筋的内皮宽度
$$Bg=B-2\times bhc$$
$$=300-50$$
$$=250$$

（5）求箍筋数量
$$Gjsl=\frac{L-100-b1}{ab}+1$$
$$=\frac{3000-100-200}{200}+1$$
$$=14.5$$

取 15 个高度不同的箍筋。

注意，箍筋的高度差，为了避免后面的箍筋高度误差过大，小数点不要提前进位。

所有箍筋的内皮宽度 $L2$ 都是一样的。

下面计算 15 个箍筋的具体加工尺寸和下料尺寸。

①号箍筋：

$L1=447$

$L2=250$

$L3=H-2bhc+4.568d+75$（公式3—6′；H代表箍筋所在截面高度）

$\quad=H2-50\times\mathrm{tg}\alpha°-2bhc+4.568d+75$（$H=H2-50\times\mathrm{tg}\alpha°$）

$\quad=500-3.333-50+27.408+75$

$\quad\approx 549$

$L4=B-2bhc+4.568d+75$

$\quad=300-50+27.408+75$

$\quad\approx 352$

下料长度为

$447+250+549+352-3\times 0.288\times 6\approx 1593$

②号箍筋：

$L1=447-13$ （13.333，取13，以保证高度）

$\quad=434$

$L2=250$

$L3=H-2bhc+4.568d+75-13$

$\quad=H2-50\times\mathrm{tg}\alpha°-2bhc+4.568d+75-13$

$\quad=500-3.333-50+27.408+75-13$

$\quad\approx 536$

$L4=B-2bhc+4.568d+75$

$\quad=300-50+27.408+75$

$\quad\approx 352$

下料长度为

$434+250+536+352-3\times 0.288\times 6\approx 1567$

③号箍筋：

$L1=447-13-13$ （13.333，取13）

$\quad=421$

$L2=250$

$L3=H-2bhc+4.568d+75-13-13$

$\quad=H2-50\times\mathrm{tg}\alpha°-2bhc+4.568d+75-13-13$

$\quad=500-3.333-50+27.408+75-13-13$

$\quad\approx 523$

$L4=B-2bhc+4.568d+75$

$\quad=300-50+27.408+75$

$\quad\approx 352$

下料长度为

$421+250+523+352-3\times 0.288\times 6\approx 1541$

④号箍筋：

$L1=447-40$ （13.333×3≈40）

$\quad=407$

$L2 = 250$

$L3 = H - 2bhc + 4.568d + 75 - 40$

$\quad = H2 - 50 \times tg\alpha° - 2bhc + 4.568d + 75 - 40$

$\quad = 500 - 3.333 - 50 + 27.408 + 75 - 40$

$\quad \approx 509$

$L4 = B - 2bhc + 4.568d + 75$

$\quad = 300 - 50 + 27.408 + 75$

$\quad \approx 352$

下料长度为

$407 + 250 + 509 + 352 - 3 \times 0.288 \times 6 \approx 1513$

⑤号箍筋：

$L1 = 447 - 53$ （$13.333 \times 4 = 53.333$，取53）

$\quad = 394$

$L2 = 250$

$L3 = H - 2bhc + 4.568d + 75 - 53$

$\quad = H2 - 50 \times tg\alpha° - 2bhc + 4.568d + 75 - 53$

$\quad = 500 - 3.333 - 50 + 27.408 + 75 - 53$

$\quad \approx 496$

$L4 = B - 2bhc + 4.568d + 75$

$\quad = 300 - 50 + 27.408 + 75$

$\quad \approx 352$

下料长度为

$394 + 250 + 496 + 352 - 3 \times 0.288 \times 6 \approx 1487$

⑥号箍筋：

$L1 = 447 - 66$ （$13.333 \times 5 = 66.665$，取66）

$\quad = 381$

$L2 = 250$

$L3 = H - 2bhc + 4.568d + 75 - 66$

$\quad = H2 - 50 \times tg\alpha° - 2bhc + 4.568d + 75 - 66$

$\quad = 500 - 3.333 - 50 + 27.408 + 75 - 66$

$\quad \approx 483$

$L4 = B - 2bhc + 4.568d + 75$ （公式3-8'）

$\quad = 300 - 50 + 27.408 + 75$

$\quad \approx 352$

下料长度为

$381 + 250 + 483 + 352 - 3 \times 0.288 \times 6 \approx 1461$

⑦号箍筋：

$L1 = 447 - 80$ （$13.333 \times 6 = 79.98$，取80）

$\quad = 367$

$L2 = 250$

$L3 = H - 2bhc + 4.568d + 75 - 80$
　　$= H2 - 50 \times tg\alpha° - 2bhc + 4.568d + 75 - 80$
　　$= 500 - 3.333 - 50 + 27.408 + 75 - 80$
　　≈ 469

$L4 = B - 2bhc + 4.568d + 75$
　　$= 300 - 50 + 27.408 + 75$
　　≈ 352

下料长度为

$367 + 250 + 469 + 352 - 3 \times 0.288 \times 6 \approx 1433$

⑧号箍筋：

$L1 = 447 - 93$ 　　　　　　　　　　($13.333 \times 7 = 93.331$，取 93)
　　$= 354$

$L2 = 250$

$L3 = H - 2bhc + 4.568d + 75 - 93$
　　$= H2 - 50 \times tg\alpha° - 2bhc + 4.568d + 75 - 93$
　　$= 500 - 3.333 - 50 + 27.408 + 75 - 93$
　　≈ 456

$L4 = B - 2bhc + 4.568d + 75$
　　$= 300 - 50 + 27.408 + 75$
　　≈ 352

下料长度为

$354 + 250 + 456 + 352 - 3 \times 0.288 \times 6 \approx 1407$

⑨号箍筋：

$L1 = 447 - 106$ 　　　　　　　　　　($13.333 \times 8 = 106.664$，取 106)
　　$= 341$

$L2 = 250$

$L3 = H - 2bhc + 4.568d + 75 - 106$
　　$= H2 - 50 \times tg\alpha° - 2bhc + 4.568d + 75 - 106$
　　$= 500 - 3.333 - 50 + 27.408 + 75 - 106$
　　≈ 443

$L4 = B - 2bhc + 4.568d + 75$
　　$= 300 - 50 + 27.408 + 75$
　　≈ 352

下料长度为

$341 + 250 + 443 + 352 - 3 \times 0.288 \times 6 \approx 1381$

⑩号箍筋：

$L1 = 447 - 120$ 　　　　　　　　　　($13.333 \times 9 = 119.997$，取 120)
　　$= 327$

$L2 = 250$

$L3 = H - 2bhc + 4.568d + 75 - 120$
$\quad = H2 - 50 \times \text{tg}\alpha° - 2bhc + 4.568d + 75 - 120$
$\quad = 500 - 3.333 - 50 + 27.408 + 75 - 120$
$\quad \approx 429$

$L4 = B - 2bhc + 4.568d + 75$ \hfill (3-8′)
$\quad = 300 - 50 + 27.408 + 75$
$\quad \approx 352$

下料长度为

$327 + 250 + 429 + 352 - 3 \times 0.288 \times 6 \approx 1353$

⑪号箍筋：

$L1 = 447 - 133$ \hfill $(13.333 \times 10 = 133.33，取133)$
$\quad = 314$

$L2 = 250$

$L3 = H - 2bhc + 4.568d + 75 - 133$
$\quad = H2 - 50 \times \text{tg}\alpha° - 2bhc + 4.568d + 75 - 133$
$\quad = 500 - 3.333 - 50 + 27.408 + 75 - 133$
$\quad \approx 416$

$L4 = B - 2bhc + 4.568d + 75$
$\quad = 300 - 50 + 27.408 + 75$
$\quad \approx 352$

下料长度为

$314 + 250 + 416 + 352 - 3 \times 0.288 \times 6 \approx 1327$

⑫号箍筋：

$L1 = 447 - 146$ \hfill $(13.333 \times 11 = 146.663，取146)$
$\quad = 301$

$L2 = 250$

$L3 = H - 2bhc + 4.568d + 75 - 146$
$\quad = H2 - 50 \times \text{tg}\alpha° - 2bhc + 4.568d + 75 - 146$
$\quad = 500 - 3.333 - 50 + 27.408 + 75 - 146$
$\quad \approx 403$

$L4 = B - 2bhc + 4.568d + 75$
$\quad = 300 - 50 + 27.408 + 75$
$\quad \approx 352$

下料长度为

$301 + 250 + 403 + 352 - 3 \times 0.288 \times 6 \approx 1301$

⑬号箍筋：

$L1 = 447 - 160$ \hfill $(13.333 \times 12 = 159.996，取160)$
$\quad = 287$

$L2 = 250$

$L3 = H - 2bhc + 4.568d + 75 - 160$

$\quad = H2 - 50 \times \text{tg}\alpha° - 2bhc + 4.568d + 75 - 160$

$\quad = 500 - 3.333 - 50 + 27.408 + 75 - 160$

$\quad \approx 389$

$L4 = B - 2bhc + 4.568d + 75$

$\quad = 300 - 50 + 27.408 + 75$

$\quad \approx 352$

下料长度为

$287 + 250 + 389 + 352 - 3 \times 0.288 \times 6 \approx 1272$

⑭号箍筋：

$L1 = 447 - 173$ $\qquad\qquad\qquad\qquad$ $(13.333 \times 13 = 173.329，取 173)$

$\quad = 274$

$L2 = 250$

$L3 = H - 2bhc + 4.568d + 75 - 173$

$\quad = H2 - 50 \times \text{tg}\alpha° - 2bhc + 4.568d + 75 - 173$

$\quad = 500 - 3.333 - 50 + 27.408 + 75 - 173$

$\quad \approx 376$

$L4 = B - 2bhc + 4.568d + 75$

$\quad = 300 - 50 + 27.408 + 75$

$\quad \approx 352$

下料长度为

$261 + 250 + 376 + 352 - 3 \times 0.288 \times 6 \approx 1246$

⑮号箍筋：

$L1 = 447 - 186$ $\qquad\qquad\qquad\qquad$ $(13.333 \times 14 = 186.662，取 186)$

$\quad = 261$

$L2 = 250$

$L3 = H - 2bhc + 4.568d + 75 - 186$

$\quad = H2 - 50 \times \text{tg}\alpha° - 2bhc + 4.568d + 75 - 186$

$\quad = 500 - 3.333 - 50 + 27.408 + 75 - 186$

$\quad \approx 363$

$L4 = B - 2bhc + 4.568d + 75$

$\quad = 300 - 50 + 27.408 + 75$

$\quad \approx 352$

下料长度为

$248 + 250 + 363 + 352 - 3 \times 0.288 \times 6 \approx 1221$

验算：

这里只验算⑮号箍筋的 $L1$ 就可以了。

$L1 = H2 - [(L - 50 - b1) \times \text{tg}\alpha°] - 2bhc$

$$= 500 - [(3000 - 50 - 200) \times tg3.814°] - 50$$
$$\approx 500 - 2750 \times 0.0666 - 50$$
$$\approx 267$$

⑮号箍筋的 $L_2 \approx 261$，误差为 6mm（小数舍入所致）。

把具有答案的简图，放入在表 6-1 中。

悬挑梁变截面箍筋材料明细表　　　　　表 6-1

钢筋编号	简　图	规　格	下料长度 mm	数　量
①	352 / 447 / 549 / 250	φ6	1593	5
②	352 / 434 / 536 / 250	φ6	1567	5
③	352 / 421 / 523 / 250	φ6	1541	5
④	352 / 407 / 509 / 250	φ6	1513	5
⑤	352 / 394 / 496 / 250	φ6	1487	5
⑥	352 / 381 / 483 / 250	φ6	1461	5
⑦	352 / 367 / 469 / 250	φ6	1433	5

续表

钢筋编号	简 图	规 格	下料长度 mm	数 量
⑧	352 / 354 456 / 250	φ6	1407	5
⑨	352 / 341 443 / 250	φ6	1381	5
⑩	352 / 327 429 / 250	φ6	1353	5
⑪	352 / 314 416 / 250	φ6	1327	5
⑫	352 / 301 403 / 250	φ6	1301	5
⑬	352 / 287 389 / 250	φ6	1272	5
⑭	352 / 274 376 / 250	φ6	1246	5
⑮	352 / 261 363 / 250	φ6	1221	5

第二节 变截面加腋梁箍筋

图 6-4 是边跨加腋梁的节点图,其中上部有纵向受力筋、左上部角负筋、腋下部斜筋和梁下部纵筋,另外,还有箍筋。这里主要是讲腋间的变截面中的箍筋。距柱 50mm 处,设置的变截面箍筋,是最高的一个。腋底边缘的坡度,是由 C1 和 C2 来决定。跨中梁的高度定为 H。

图 6-5 是位于中间支座处,两侧都是加腋梁的对称节点。就其箍筋的数量而言,如果 H、C1 和 C2 都一样,就是边跨加腋梁箍筋的两倍。计算的思路,和边跨加腋梁箍筋是一样的。

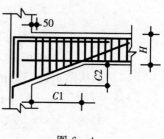

图 6-4

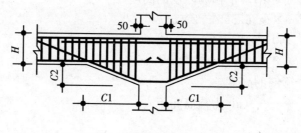

图 6-5

计算步骤:

1. 求角度 $\qquad \alpha°=\text{arctg}\dfrac{C2}{C1};$ (6-7)

2. 求从贴近柱子起的第一个箍筋所在截面的高度 $\quad H3=H+C2-50\times\text{tg}\alpha°$ (6-8)

3. 求从贴近柱子起的第一个箍筋的高度 $\quad H1=H+C2-50\times\text{tg}\alpha°-2\times bhc$ (6-9)

4. 求相邻两个箍筋的高度差 $\quad ca=ab\times\text{tg}\alpha°$ ——— (ab 为箍筋间距) (6-10)

5. 求箍筋的内皮宽度 $\quad Bg=B-2\times bhc$ (6-11)

6. 求箍筋数量 $\quad Gjsl=\dfrac{C1-50}{ab}+1$ (6-12)

【例 6-2】

由图 6-4 可知:

梁高度 $H=500\text{mm}$;

梁宽 $B=300\text{mm}$;

腋长度 $c1=1000\text{mm}$;

腋高度 $c2=500\text{mm}$;

箍筋 $d=6\text{mm}$

箍筋间距 @=ab=200mm

保护层 $bhc=25\text{mm}$

箍筋加工弯曲半径 $R=2.5d$

解：

(1) 求角度 $\alpha°=\text{arctg}\dfrac{C2}{C1}$

$\qquad\qquad =\text{arctg}\dfrac{500}{1000}$

$\qquad\qquad =\text{arctg}0.5$

$\qquad\qquad =26.565°$

(2) 求从贴近柱子起的第一个箍筋所在截面的高度

$H3=H+C2-50\times\text{tg}26.565°$

$\qquad =500+500-50\times0.5$

$\qquad =975$

(3) 求从贴近柱子起第一个箍筋内皮的高度

$H1=H+C2-50\times\text{tg}26.565°-2\times bhc$

$\qquad =500+500-50\times0.5-50$

$\qquad =925$

(4) 求相邻两个箍筋的高度差

$ca=ab\times\text{tg}\alpha°$ ———— （ab 为箍筋间距）

$\qquad =200\times0.5$

$\qquad =100$

(5) 求箍筋的内皮宽度

$Bg=B-2\times bhc$

$\qquad =300-50$

$\qquad =250$

(6) 求箍筋数量

$Gjsl=\dfrac{C1-50}{ab}+1$

$\qquad =\dfrac{1000-50}{200}+1$

$\qquad =4.75+1$

$\qquad =5.75$

取箍筋数量=5，不能取 6。因为取 6，将会算出的箍高小于等截面中的箍高。

现在按边跨加腋梁箍筋，计算①、②、③、④和⑤的加工与下料尺寸。

①号箍筋：

$L1=H+C2-50\times\text{tg}26.565°-2\times bhc$

$\qquad =500+500-50\times0.5-50$

$\qquad =925$

$L2=B-2\times bhc$

$\qquad =300-50$

$\qquad =250$

$L3 = L1 + 4.568d + 75$
$= 925 + 4.568d + 75$
$= 925 + 27.408 + 75$
≈ 1027

$L4 = 250 + 4.568d + 75$
$= 250 + 27.408 + 75$
≈ 352

下料长度为

$925 + 250 + 1027 + 352 - 3 \times 0.288 \times 6 \approx 2549$

由于相邻两箍的高度差为100，计算②号箍筋时，只需 $L1$、$L3$ 各减100；下料长度减200就可以了。再计算后面箍筋时，递次照此加数即可。

②号箍筋：

$L1 = 925 - 100$
$= 825$

$L2 = 250$

$L3 \approx 1027 - 100$
$= 927$

$L4 \approx 352$

下料长度为

$2549 - 200 \approx 2349$

③号箍筋：

$L1 = 825 - 100$
$= 725$

$L2 = 250$

$L3 = 927 - 100$
$= 827$

$L4 = 352$

下料长度为

$2349 - 200 = 2149$

④号箍筋：

$L1 = 725 - 100$
$= 625$

$L2 = 250$

$L3 = 827 - 100$
$= 727$

$L4 = 352$

下料长度为

$2149 - 200 = 1949$

⑤号箍筋：

$L1 = 625 - 100$
$\quad = 525$
$L2 = 250$
$L3 = 727 - 100$
$\quad = 627$
$L4 = 352$

下料长度为

$1949 - 200 = 1749$

验算

这里只验算⑤号箍筋的 $L1$ 就可以了。

$L1 = 975 - 4 \times ab \times \mathrm{tg}\alpha° - 2bhc$
$\quad = 975 - 800 \times 0.5 - 50$
$\quad = 525$

⑤号箍筋的 $L1 = 525$，误差为 0mm。

把具有答案的简图，放入在表 6-2 中。

加腋梁变截面箍筋材料明细表　　　　　　表 6-2

钢筋编号	简　图	规　格	下料长度 mm	数　量
①	352 / 925 / 1027 / 250	φ6	2549	5
②	352 / 825 / 927 / 250	φ6	2349	5
③	352 / 725 / 827 / 250	φ6	2149	5
④	352 / 625 / 727 / 250	φ6	1949	5
⑤	352 / 525 / 627 / 250	φ6	1749	5

练 习 六

1. 变截面梁的箍筋数目，如何计算？
2. 如何计算变截面梁底面与底面所成的角度？
3. 如何计算变截面梁相邻两箍间的距离？
4. 利用例6—1和图6—1，只是梁长改为3300，试求所有箍筋的加工尺寸和下料尺寸。

第七章 多角形箍筋

第一节 多角形箍筋的概念

多角形箍筋是指既非矩形箍筋，又非圆箍的多角形封闭箍筋或敞开式箍筋。它们通常是配合矩形箍筋使用的辅助性箍筋。

多角形箍筋的计算，同矩形箍筋中的局部箍筋一样，都认为纵向受力钢筋的间距均匀相等。由于钢筋加工弯曲曲率的波动性，及其曲率与纵向受力钢筋的不一致性，产生微小误差是不能避免的。

多角形箍筋的种类，可分为菱形箍筋、六角形箍筋、八角形箍筋、三角形喇叭箍筋和四角形喇叭箍筋，共五种。菱形箍筋的每个角，各兜勾一根纵向受力钢筋。六角形箍筋和八角形箍筋可以兜勾两根或三根纵向受力钢筋。

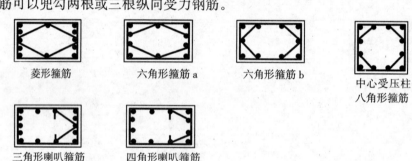

图 7—1

各种箍筋通常要求在端部设 135°弯钩，用以勾住纵向受力钢筋。

多角形箍筋的尺寸标注，通常不注写角度，而是对斜边注以"勾"、"股"和"弦"；用"勾"和"股"来敲定"弦"的角度方向。

多角形箍筋的计算，是采用"中心线法"，请注意。

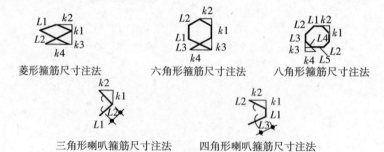

图 7—2

第二节 菱形箍筋

一、菱形箍筋计算步骤

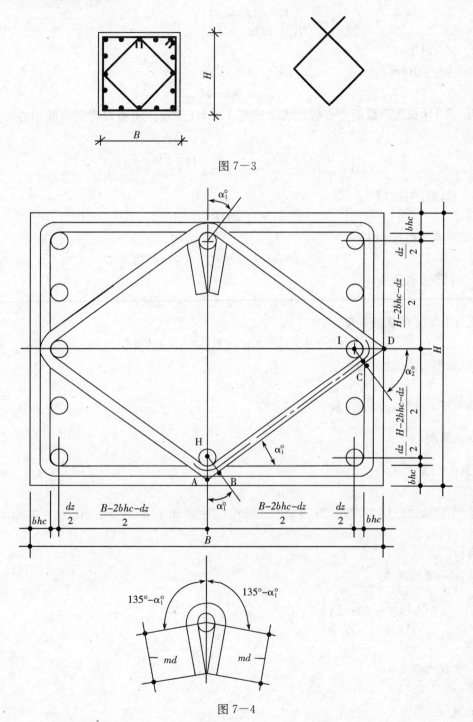

图 7－3

图 7－4

参看图 7-3 和图 7-4，其计算步骤如下：

1. 求斜筋的角度

$\alpha°_1$ 是斜筋与水平筋的夹角

$$\alpha°_1 = \text{arctg}\left(\frac{H-2bhc-dz}{2} \times \frac{2}{B-2bhc-dz}\right)$$

$$\alpha°_1 = \text{arctg}\left(\frac{H-2bhc-dz}{B-2bhc-dz}\right) \tag{7-1}$$

2. $\angle AHB = \alpha°_1$

令 $\angle DIC = \alpha°_2$

$$\alpha°_2 = 90° - \alpha°_1 \tag{7-2}$$

3. 求 HI 长度——箍筋中心线直线段长度（把 HI 连线，垂直投影到箍筋中心线上的长度）

$$HI = \sqrt{\left(\frac{B-2bhc-dz}{2}\right)^2 + \left(\frac{H-2bhc-dz}{2}\right)^2} \tag{7-3}$$

4. 求四条直线段

$$4 \times HI \tag{7-4}$$

5. 左右二弧线长度

$$2 \times [(R+d/2) \times 2 \times \alpha°_2 \times \pi/180°] \tag{7-5}$$

6. 上下二弧线长度

$$2 \times [(R+d/2) \times 2 \times \alpha°_1 \times \pi/180°] \tag{7-6}$$

7. 图 7-4 的弧线长度

$$(R+d/2) \times (270° - 2 \times \alpha°_1) \times \pi/180° \tag{7-7}$$

8. 钩端的直线段

$$2 \times md$$

将 4 至 8 相加，即为下料长度。

二、算例

【例 7-1】

已知：

$B=1000$mm；$H=500$mm；$bhc=30$mm；$d=8$mm；$dz=24$mm；$R=2.5d$；$md=10d$

解：

1. 求斜筋的角度

$\alpha°_1 = \text{arctg}\left(\dfrac{500-60-24}{1000-60-24}\right)$

$= \text{arctg}\dfrac{416}{916}$

$\approx \text{arctg}\, 0.454$

$\approx 24.425°$

2. 求 $\alpha°_2$

$\alpha°_2 = 90° - \alpha°_1$
$\approx 90° - 24.425°$
$\approx 65.575°$

3. 求 HI 长度—箍筋中心线直线段长度（把 HI 连线，垂直投影到箍筋中心线上的长度）

$$HI = \sqrt{\left(\frac{B-2bhc-dz}{2}\right)^2 + \left(\frac{H-2bhc-dz}{2}\right)^2}$$
$$= \sqrt{\left(\frac{1000-60-24}{2}\right)^2 + \left(\frac{500-60-24}{2}\right)^2}$$
$$= \sqrt{458^2 + 208^2}$$
$$\approx 503.018$$

4. 求四条直线段
   $4 \times HI$
   $= 4 \times 503.018$
   ≈ 2012

5. 左右二弧线长度
   $2 \times [(R+d/2) \times 2 \times 65.575° \times \pi/180°]$
   $= 2 \times [(2.5d+d/2) \times 2 \times 65.575° \times \pi/180°]$
   $= 2 \times 3 \times 8 \times 2 \times 65.575° \times \pi/180°$
   ≈ 110

6. 上下二弧线长度
   $2 \times [(R+d/2) \times 2 \times \alpha°_1 \times \pi/180°]$
   $= 2 \times [(2.5d+d/2) \times 2 \times 24.425° \times \pi/180°]$
   $= 2 \times 3 \times 8 \times 2 \times 24.425° \times \pi/180°$
   ≈ 41

7. 图 7-4 钩端弧线长度
   $(R+d/2) \times (270° - 2 \times \alpha°_1) \times \pi/180°$
   $= 24 \times (270° - 2 \times 24.425°) \times \pi/180°$
   $= 24 \times 221.15° \times \pi/180°$
   ≈ 93

8. 图 7-4 钩端的直线段
   $2md = 2 \times 10 \times 8$
   $= 160$

9. 下料长度
   四条直线段+左右二弧线长度+上下二弧线长度+图 7-4 的弧线长度+图 7-4 钩端的直线段
   $= 2012 + 110 + 41 + 93 + 160$
   $= 2416$

10. 计算外皮 $L1$

参看图 7—6 (a)，图中的三个圆，并非纵向受力钢筋，而是箍筋弯曲加工的曲率圆，即 $2R$。

$L1 = AB + H'I' + IE$

$\because AB = HB \times tg\alpha°_1$

又 $\because HB = R + d$

$\therefore$
$$L1 = (R+d) \times tg\alpha°_1 + H'I' + R + d \qquad (7-8)$$

$L1 = 3.5d \times tg24.425° + 503 + 3.5d$

$\quad = 28 \times 0.454 + 503 + 28$

$\quad \approx 544$

11. 计算外皮 $L2$，参看图 7—6。

$$L2 = 2 \times (R+d/2) \times \alpha°_2 \times \pi/180° + H'I' + (R+d/2) \times 135° \times \pi/180° + md - R - d \qquad (7-9)$$

$L2 = 2 \times 3d \times 65.575° \times \pi/180° + 503 + 3d \times 135° \times \pi/180° + 80 - 3.5d$

$\quad \approx 48 \times 1.144 + 503 + 24 \times 2.356 + 52$

$\quad \approx 54.912 + 503 + 56.544 + 52$

$\quad \approx 667$

12. 外皮 $L1$ 的辅助尺寸 $k1$ 与 $k2$

$k1 = L1 \times \sin\alpha°_1$

$\quad = 544 \times \sin24.425°$

$\quad = 225$

$k2 = L1 \times \cos\alpha°_1$

$\quad = 544 \times \cos24.425°$

$\quad = 495$

13. 外皮 $L2$ 的辅助尺寸 $k3$ 与 $k4$

$k3 = L2 \times \sin\alpha°_1$

$\quad = 667 \times \sin24.425°$

$\quad = 276$

$k4 = L2 \times \cos\alpha°_1$

$\quad = 667 \times \cos24.425°$

$\quad = 607$

图 7—5 所示为四角箍筋的外皮尺寸标注方法。

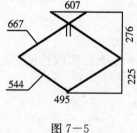

图 7—5

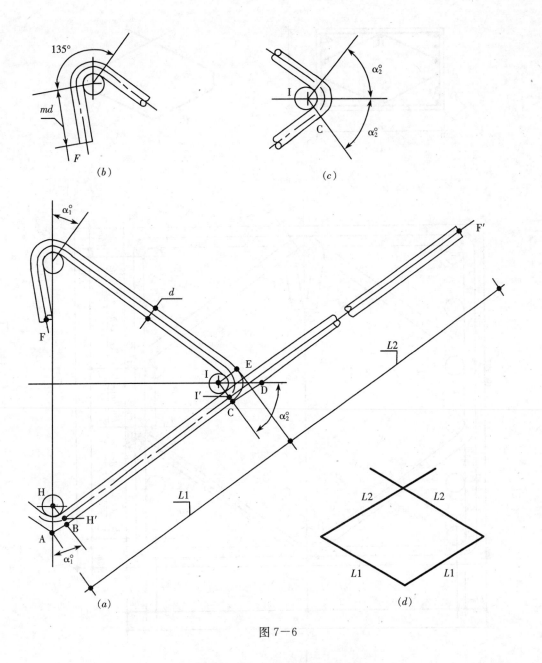

图 7-6

第三节 六角形箍筋

一、六角形箍筋计算原理

图 7-7（a）是钢筋混凝土柱的截面，纵排钢筋数 $j=6$，横排钢筋数 $i=3$。这里首先仍要采用菱形箍筋的方法，并结合图 7-8 进行公式推导，当然，是中心线法。图 7-7（b）是尚未标注尺寸的简图。

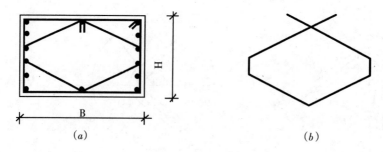

图 7-7

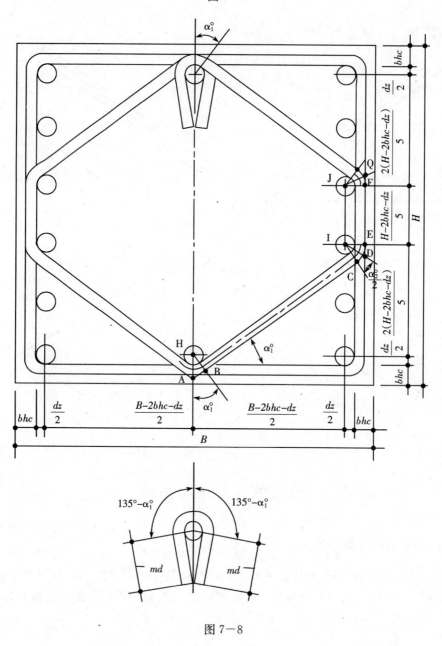

图 7-8

1. 求斜筋的角度

$\alpha°_1$ 是斜筋与水平筋的夹角

$$\alpha°_1 = \text{arctg}\left(\frac{2(H-2bhc-dz)}{5} \times \frac{2}{B-2bhc-dz}\right)$$

$$\alpha°_1 = \text{arctg}\left(\frac{4(H-2bhc-dz)}{5(B-2bhc-dz)}\right) \tag{7-10}$$

2. $\angle AHB = \alpha°_1$

   令 $\angle CIE = \alpha°_2$

$$\alpha°_2 = 90° - \alpha°_1 \tag{7-11}$$

3. 求 HI 长度—箍筋中心线直线段长度

$$HI = \sqrt{\left(\frac{B-2bhc-dz}{2}\right)^2 + \left(\frac{2(H-2bhc-dz)}{5}\right)^2} \tag{7-12}$$

4. 求四条斜线段

$$4 \times HI \tag{7-13}$$

5. 求两条竖线段

$$2 \times EF$$
$$= 2 \times \frac{H-2bhc-dz}{5} \tag{7-14}$$

6. 左右四弧线长度

$$4 \times (R+d/2) \times \alpha°_2 \times \pi/180° \tag{7-15}$$

7. 上下二弧线长度

$$2 \times (R+d/2) \times 2 \times \alpha°_1 \times \pi/180° \tag{7-16}$$

8. 钩端的弧线长度

$$(R+d/2) \times (270° - 2 \times \alpha°_1) \times \pi/180° \tag{7-17}$$

9. 钩端的直线段

$$2 \times md$$

10. 将 4 至 9 相加，即下料长度。

二、六角形箍筋算例

【例 7-2】

已知：

$B = 1000\text{mm}$

$H = 500\text{mm}$

$bhc = 30\text{mm}$

$d = 8\text{mm}$

$dz = 24\text{mm}$

$R = 2.5d$

$md = 10d$

解：

1. 求斜筋的角度

$$\alpha°_1 = \text{arctg}\left(\frac{4(h-2bhc-dz)}{5(b-2bhc-dz)}\right)$$

$$\approx \text{arctg}\left(\frac{4(500-60-24)}{5(1000-60-24)}\right)$$

$$\approx \text{arctg}\frac{1664}{4580}$$

$$\approx 19.967°$$

2. 求 $\dfrac{\alpha°_2}{2}$

$$\alpha°_2 = 90° - \alpha°_1$$

$$\approx 90° - 19.967°$$

$$\approx 70.033°$$

$$\frac{\alpha°_2}{2} \approx \frac{70.033°}{2}$$

$$\approx 35.016°$$

3. 求 HI 长度—箍筋中心线直线段长度

$$HI = \sqrt{\left(\frac{B-2bhc-dz}{2}\right)^2 + \left(\frac{2(H-2bhc-dz)}{5}\right)^2}$$

$$= \sqrt{\left(\frac{1000-60-24}{2}\right)^2 + \left(\frac{2(500-60-24)}{5}\right)^2}$$

$$= \sqrt{458^2 + 166.4^2}$$

$$\approx 487.29$$

4. 求四条斜线段

$$4 \times HI$$

$$= 4 \times 487.29$$

$$\approx 1949$$

5. 求两条竖线段

$$2 \times IJ$$

$$= 2 \times \frac{500-60-24}{5}$$

$$\approx 166.4$$

6. 左右四弧线长度

$$4 \times (R+d/2) \times \alpha°_2 \times \pi/180°$$

$$= 4 \times 3d \times 70.033° \times \pi/180°$$

$$= 4 \times 24 \times 70.033° \times \pi/180°$$

$$\approx 117$$

7. 上下二弧线长度

$$2 \times (R+d/2) \times 2 \times \alpha°_1 \times \pi/180°$$

$$= 2 \times (2.5d+d/2) \times 2 \times 19.967° \times \pi/180°$$

$= 2 \times 3 \times 8 \times 2 \times 19.967° \times \pi/180°$

≈ 34

8. 图 7-7 钩端弧线长度

$(R+d/2) \times (270° - 2 \times \alpha°_1) \times \pi/180°$

$= 24 \times (270° - 2 \times 19.967°) \times \pi/180°$

$= 24 \times 230.066° \times \pi/180°$

≈ 96

9. 图 7-7 钩端的直线段

$2md = 2 \times 10 \times 8$

$\quad = 160$

10. 下料长度

四条斜线段＋两条竖线段＋左右四弧线长度＋上下二弧线长度＋图 7-8 钩端的弧线长度＋图 7-8 钩端的直线段

$= 1949 + 166 + 117 + 34 + 96 + 160$

$= 2522$

11. 计算外皮 $L1$

$L1 = AB + HI + CD$

$\because AB = HB \times tg\alpha°_1$

又 $\because HB = R + d$

$\therefore L1 = (R+d) \times tg\alpha°_1 + HI + (R+d) \times tg\dfrac{\alpha°_2}{2}$

$\quad L1 = 3.5d \times tg19.967° + 487 + 3.5d \times tg35.016°$

$\quad\quad \approx 28 \times 0.363 + 487 + 28 \times 0.7$

$\quad\quad \approx 517$

12. 计算外皮 $L2$

$L2 = 2 \times ED + IJ$

$\quad = 2 \times (R+d) \times tg\dfrac{\alpha°_2}{2} + IJ$

$\quad = 2 \times 3.5d \times tg35.016° + \dfrac{500 - 60 - 24}{5}$

$\quad = 2 \times 28 \times 0.7 + 83.2$

$\quad \approx 122.4$

13. 计算外皮 $L3$

$L3 = CD + HI + (R+d/2) \times 135° \times \pi/180° + md$

$\quad = (R+d) \times tg\dfrac{\alpha°_2}{2} + 487 + 3d \times 2.356 + 80$

$\quad = 3.5d \times tg35.016° + 487 + 56.5 + 80$

$\quad = 28 \times 0.7 + 623.5$

$\quad \approx 643$

14. 外皮 $L1$ 的辅助尺寸 $k1$ 与 $k2$

$k1 = L1 \times \sin\alpha_1°$
  $= 517 \times \sin 19.967°$
  ≈ 176

$k2 = L1 \times \cos\alpha_1°$
  $= 517 \times \cos 19.967°$
  ≈ 486

15. 外皮 $L3$ 的辅助尺寸 $k3$ 与 $k4$

$k3 = L3 \times \sin\alpha_1°$
  $= 643 \times \sin 19.967°$
  $= 220$

$k4 = L2 \times \cos\alpha_1°$
  $= 643 \times \cos 19.967°$
  ≈ 604

将图7-7（b）按六角箍筋的外皮尺寸标注方法标注，如图7-9所示。

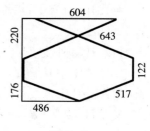

图 7-9

16. 计算内皮 $L1'$

$L1' = 2 \times R \times \mathrm{tg}\alpha_1° + \mathrm{HI}$
  $= 2 \times 2.5d \times \mathrm{tg} 19.967° + 487$
  $= 2 \times 20 \times 0.363 + 487$
  ≈ 502

17. 计算内皮 $L2'$

$L2' = 2 \times R \times \mathrm{tg}\dfrac{\alpha_2°}{2} + \mathrm{IJ}$

  $= 2 \times 2.5d \times \mathrm{tg} 35.016° + \dfrac{500-60-24}{5}$

  $= 40 \times 0.7 + 83.2$
  ≈ 111

18. 计算内皮 $L3'$

$L3' = R \times \mathrm{tg}\dfrac{\alpha_2°}{2} + \mathrm{HI} + (R+d/2) \times 135° \times \pi/180° + md$

  $= 2.5d \times \mathrm{tg} 35.016° + 487 + 3d \times 2.356 + 80$
  $= 20 \times 0.7 + 487 + 57 + 80$
  ≈ 638

19. 内皮 $L1'$ 的辅助尺寸 $k1$ 与 $k2$

$k1 = L1' \times \sin\alpha_1°$
  $= 502 \times \sin 19.967°$
  ≈ 171

$k2 = L1' \times \cos\alpha_1°$
  $= 502 \times \cos 19.967°$

≈472

20. 内皮 $L3$ 的辅助尺寸 $k3$ 与 $k4$

$k3 = L3' \times \sin\alpha°_1$
$= 638 \times \sin 19.967°$
$= 218$

$k4 = L2' \times \cos\alpha°_1$
$= 638 \times \cos 19.967°$
≈ 600

将图 7—7（b）按六角箍筋的内皮尺寸标注方法标注，如图 7—10 所示。

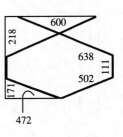

图 7—10

用外皮法算下料长度和用内皮计算下料长度，以及前面中心线法计算的下料长度 2505 对比，以资验算：

按外皮部分计算下料长度为：

$2L1 + 2L2 + 2L3 - 0.453d - 2 \times 1.236d - 2 \times 1.236d$
$\approx 2 \times 517 + 2 \times 122.4 + 2 \times 643 - 4 - 20 - 20$
$\approx 2564 - 44$
≈ 2520

按内皮部分计算下料长度为：

$2L1' + 2L2' + 2L3' + 0.275d + 2 \times 0.164d + 2 \times 0.165d$
$\approx 2 \times 502 + 2 \times 111 + 2 \times 638 + 2.2 + 2.6 + 2.6$
$\approx 1004 + 222 + 1276 + 7.4$
≈ 2509

误差 $\approx 2 \sim 11$mm。

第四节 Pb、Ph 法计算八角形箍筋

一、计算式推导

在第五章梁柱截面中，曾经用 Pb、Ph 方法计算过局部矩形箍筋的加工和下料尺寸。现在要把这种方法，应用到如图 7—11 所示的多角形箍筋中来。

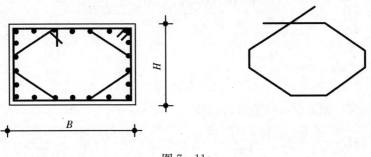

图 7—11

Pb、Ph、Qb 和 Qh 同过去的概念一样,不过,这里增加两个概念,即 WQb 和 WQh。Qb 和 Qh 是指多角形箍筋兜裹纵向受力钢筋,所包含的空隙数目。而 WQb 和 WQh,则指未被多形角箍筋兜裹的,任一侧纵向受力钢筋所包含的空隙数目。从图 7—11 和图 7—12 两图中,可以看出:

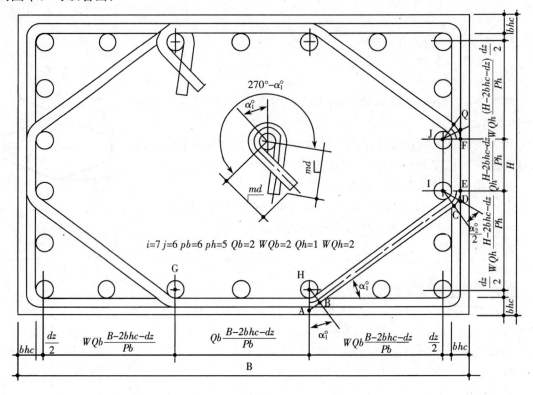

图 7—12

$Pb=6$;$Ph=5$;$Qb=2$;$Qh=1$;$WQb=2$;$WQh=2$。

现在,针对图 7—12,推导计算多角形箍筋的普遍公试。

1. 求斜筋的角度

α_1° 是斜筋与水平筋的夹角

$$\alpha_1^\circ = \text{arctg}\left[\frac{\dfrac{WQh(H-2bhc-dz)}{Ph}}{\dfrac{WQb(B-2bhc-dz)}{Pb}}\right] \tag{7-18}$$

2. $\angle AHB = \alpha_1^\circ$

　令 $\angle CIE = \alpha_2^\circ$

$$\alpha_2^\circ = 90^\circ - \alpha_1^\circ \tag{7-19}$$

3. 求 HI 长度——箍筋中心线直线段长度

$$HI = \sqrt{\left(\frac{WQb(B-2bhc-dz)}{Pb}\right)^2 + \left(\frac{WQh(H-2bhc-dz)}{Ph}\right)^2} \tag{7-20}$$

4. 求四条斜线段

$$4 \times \text{HI} \tag{7-21}$$

5. 求两条竖线段

$$2 \times \text{IJ}$$
$$= 2 \times \frac{Qh(H-2bhc-dz)}{Ph} \tag{7-22}$$

6. 求上下两条水平线段

$$2 \times \text{GH}$$
$$= 2 \times \frac{Qb(B-2bhc-dz)}{Pb} \tag{7-23}$$

7. 左右四弧线长度

$$4 \times (R+d/2) \times \alpha°_2 \times \pi/180° \tag{7-24}$$

8. 上下四弧线长度

$$4 \times (R+d/2) \times \alpha°_1 \times \pi/180° \tag{7-25}$$

9. 钩端的弧线长度

$$(R+d/2) \times (270°-\alpha°_1) \times \pi/180° \tag{7-26}$$

10. 钩端的直线段

$$2 \times md$$

11. 将 4 至 10 相加，即下料长度。

二、算例

【例 7—3】

已知：

$B = 1000$mm

$H = 500$mm

$bhc = 30$mm

$d = 8$mm

$dz = 24$mm

$R = 2.5d$

$md = 10d$

解：

1. 求斜筋的角度

$$\alpha°_1 = \text{arctg}\left[\frac{\frac{WQh(H-2bhc-dz)}{Ph}}{\frac{WQb(B-2bhc-dz)}{Pb}}\right]$$

$$\alpha°_1 = \text{arctg}\left[\frac{\frac{2(500-60-24)}{5}}{\frac{2(1000-60-24)}{6}}\right]$$

$$\approx \text{arctg}\left(\frac{166.4}{305.3}\right)$$

$$\approx \text{arctg } 0.545$$
$$\approx 28.59°$$

2. 求 $\dfrac{\alpha°_2}{2}$

$$\alpha°_2 = 90° - \alpha°_1$$
$$\approx 90° - 28.59°$$
$$\approx 61.41°$$
$$\dfrac{\alpha°_2}{2} \approx \dfrac{61.41°}{2}$$
$$\approx 30.705°$$

3. 求 HI 长度—箍筋中心线直线段长度

$$HI = \sqrt{\left(\dfrac{WQb(B-2bhc-dz)}{Pb}\right)^2 + \left(\dfrac{WQh(H-2bhc-dz)}{Ph}\right)^2}$$
$$= \sqrt{\left(\dfrac{2(1000-60-24)}{6}\right)^2 + \left(\dfrac{2(500-60-24)}{5}\right)^2}$$
$$= \sqrt{\left(\dfrac{2 \times 916}{6}\right)^2 + \left(\dfrac{2 \times 416}{5}\right)^2}$$
$$= \sqrt{305.3^2 + 166.4^2}$$
$$\approx 347.73$$

4. 求四条斜线段

$$4 \times HI$$
$$= 4 \times 347.73$$
$$\approx 1390.92$$

5. 求两条竖线段

$$2 \times IJ$$
$$= 2 \times \dfrac{Qh(H-2bhc-dz)}{Ph}$$
$$= 2 \times \dfrac{(500-60-24)}{5}$$
$$\approx 166.4 \quad (\text{注意：IJ}=83.2)$$

6. 求上下两条水平线段

$$2 \times GH$$
$$= 2 \times \dfrac{Qb(B-2bhc-dz)}{Pb}$$
$$= 2 \times \dfrac{2(1000-60-24)}{6}$$
$$= 2 \times 305.333$$
$$= 610.666$$

7. 左右四弧线长度

$$4 \times (R+d/2) \times \alpha°_2 \times \pi/180°$$

$$= 4 \times 3d \times 61.41° \times \pi/180°$$
$$= 4 \times 24 \times 61.41° \times \pi/180°$$
$$\approx 102.9$$

8. 上下四弧线长度

$$4 \times (R+d/2) \times \alpha°_1 \times \pi/180°$$
$$= 4 \times 3 \times 8 \times 28.59° \times \pi/180°$$
$$= 47.9$$

9. 钩端弧线长度

$$(R+d/2) \times (270° - \alpha°_1) \times \pi/180°$$
$$= 24 \times (270° - 28.59°) \times \pi/180°$$
$$= 24 \times 241.41° \times \pi/180°$$
$$\approx 101.122$$

10. 钩端的直线段

$$2md = 2 \times 10 \times 8$$
$$= 160$$

11. 中心线下料长度

四条斜线段＋两条竖线段＋上下二水平线段＋左右四弧线＋上下四弧线＋钩端的弧线＋钩端的直线段

$$1390.92 + 166.4 + 610.666 + 102.893 + 47.9 + 101.122 + 160 \approx 2580$$

12. 计算外皮 $L1$

$$L1 = GH + 2 \times (R+d) \times \text{tg}\frac{\alpha°_1}{2}$$
$$= \frac{Qb(B - 2bhc - dz)}{Pb} + 2 \times (R+d) \times \text{tg}\frac{\alpha°_1}{2}$$
$$= \frac{2(1000 - 60 - 24)}{6} + 2 \times 3.5d \times \text{tg}14.3°$$
$$= 305.333 + 2 \times 28 \times 0.255$$
$$\approx 320$$

13. 计算外皮 $L2$

$$L2 = HI + (R+d) \times \text{tg}\frac{\alpha°_1}{2} + CD$$
$$= 347.73 + (R+d) \times \text{tg}\frac{\alpha°_1}{2} + (R+d) \times \text{tg}\frac{\alpha°_2}{2}$$
$$= 347.73 + 3.5d \times \text{tg}14.3° + 3.5d \times \text{tg}30.705°$$
$$= 347.73 + 28 \times 0.255 + 28 \times 0.594$$
$$\approx 372$$

14. 计算外皮 $L3$

$$L3 = EF + 2 \times DE$$
$$= 83.2 + 2 \times (R+d) \times \text{tg}\frac{\alpha°_2}{2}$$

$$=83.2+2\times3.5d\times\text{tg}30.705°$$
$$=83.2+2\times28\times0.59$$
$$\approx117$$

15. 计算外皮 $L4$

$$L4=GH+(R+d)\times\text{tg}\frac{\alpha_1°}{2}+(R+d/2)\times135°\times\pi/180°+md$$
$$=305.333+3.5d\times\text{tg}14.3°+3d\times2.356+80$$
$$=305.333+28\times0.255+136.544$$
$$\approx449$$

16. 计算外皮 $L5$

$$L5=HI+(R+d)\times\text{tg}\frac{\alpha_1°}{2}+(R+d/2)\times135°\times\pi/180°+md$$
$$=347.73+3.5d\times\text{tg}14.3°+3d\times2.356+80$$
$$=347.73+28\times0.255+136.544$$
$$\approx491$$

17. 计算外皮差值

当折起角度为 $28.59°$ 时 $=0.2866d$
$$\approx2.3$$
当折起角度为 $61.41°$ 时 $=0.9417d$
$$\approx7.53$$
总外皮差值为 $3\times2.3+4\times7.53\approx37$

18. 外皮法计算下料长度

$$L1+3\times L2+2\times L3+L4+L5-\text{总外皮差值}$$
$$=320+3\times372+2\times117+449+491-37$$
$$\approx2573$$

两法计算下料长度比较

$$2580-2573=7$$

误差为 7mm。

第五节 喇叭形箍筋

一、喇叭形三角箍筋计算式推导

图 7-13 (a) 是偏心受压柱的截面配筋图；图 7-13 (b) 是喇叭形三角箍筋的加工尺寸标注图；图 7-13 (c) 是喇叭形三角箍筋的预加工图。

根据图 7-14 及图 7-15 所示，计算喇叭形三角箍筋的尺寸时，也可以利用 Pb、Ph、Qb、Qh、WQb 和 WQh 的概念。但是，由于水平方向两头用的是

$$WQb\frac{B-2bhc-dz}{Pb},$$

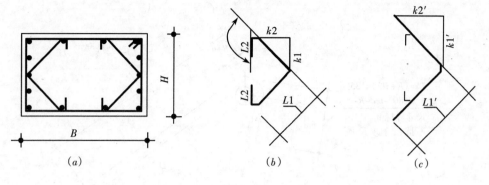

图 7-13

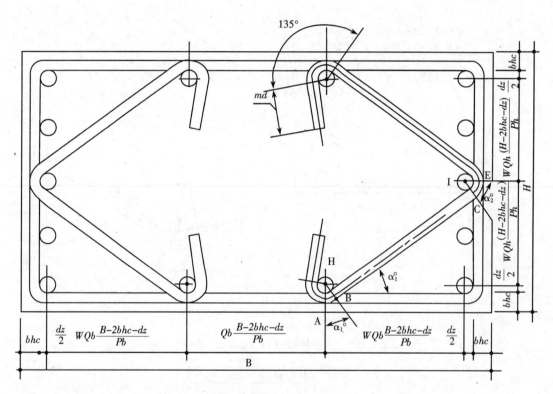

图 7-14

为了不和它混淆,所以中间部分就用

$$Qb\frac{B-2bhc-dz}{Pb},$$

以便同前面的加以区分(本来它是用于箍筋包罗内部的)。

现将它的计算方法推导如下。从图中可以看出:

$Pb=3$;$Ph=4$;$Qb=1$;$WQb=1$;$WQh=2$。

现在,针对图 7-14 和图 7-15,推导计算多角形箍筋的普遍公式。

1. 求斜筋的角度

$\alpha_1°$ 是斜筋与水平筋的夹角

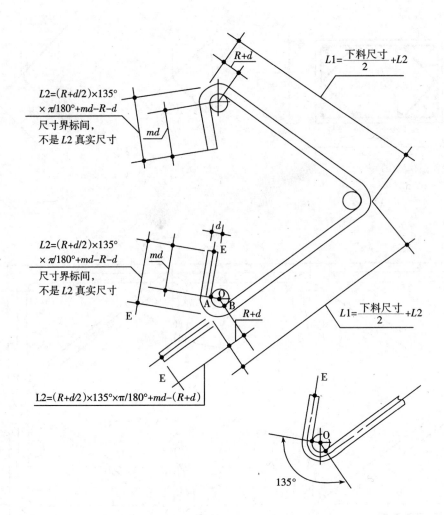

图 7—15

$$\alpha°_1 = \operatorname{arctg}\left(\frac{\dfrac{WQh(H-2bhc-dz)}{Ph}}{\dfrac{WQb(B-2bhc-dz)}{Pb}}\right) \tag{7-27}$$

2. $\angle AHB = \alpha°_1$

  令 $\angle CIE = \alpha°_2$

$$\alpha°_2 = 90° - \alpha°_1 \tag{7-28}$$

3. 求 HI 长度——箍筋中心线直线段长度（把 HI 连线，垂直投影到箍筋中心线上的长度）

$$HI = \sqrt{\left(\frac{WQb(B-2bhc-dz)}{Pb}\right)^2 + \left(\frac{WQh(H-2bhc-dz)}{Ph}\right)^2} \tag{7-29}$$

4. 求两条斜线段

$$2 \times HI \tag{7-30}$$

5. 角部弧线长度

$$2\times(R+d/2)\times\alpha°_2\times\pi/180° \tag{7-31}$$

6. 钩端的弧线长度

$$2\times(R+d/2)\times135°\times\pi/180° \tag{7-32}$$

7. 钩端的直线段

$$2\times md$$

8. 将 4 至 7 相加,即下料长度。

9. 喇叭形三角箍筋的外皮尺寸计算原理及其标注方法,讲述如下。如图 7-14 和 7-15 所示,端钩的计算方法,如前所述,即 135°弧线长度,加上钩端直线长度。在钩的上方,标注的并不是这个数的全部,而是要减去 $(R+d)$。此时,计算喇叭形三角箍筋,要先算出下料长度,接着算 $L2$,最后再算 $L1$。

$$L2=(R+d/2)\times135°\times\pi/180°-(R+d) \tag{7-33}$$

而

$$L1=下料长度/2+L2 \tag{7-34}$$

这里要着重指出,此处 $L1$ 并非外皮尺寸,而是展开后的长度。也就是说

$$2\times(L1+L2)=下料长度$$

按照上面下料长度计算的主要原因,是钢筋弯折的角度大于 90°。确切地讲,弯曲处是由切于弧线的三条直线为外皮所包罗(参见图 2-19、图 2-25)。

二、喇叭形三角箍筋算例

【例 7-4】

由图 7-14 和 7-15 已知:

$B=1000mm$;$H=500mm$;$bhc=30mm$;$d=8mm$;$dz=24mm$;$R=2.5d$;$md=10d$;$WQh=2$;$Ph=4$;$WQb=1$;$Pb=3$。

解:

1. 求斜筋的角度

$$\alpha°_1=\text{arctg}\left[\frac{\frac{WQh(H-2bhc-dz)}{Ph}}{\frac{WQb(B-2bhc-dz)}{Pb}}\right]$$

$$\alpha°_1=\text{arctg}\left[\frac{\frac{2(500-60-24)}{4}}{\frac{(1000-60-24)}{3}}\right]$$

$$\approx\text{arctg}\left(\frac{208}{305.3}\right)$$

$$\approx\text{arctg}0.681$$

$$\approx 34.266°$$

2. 求 $\alpha°_2$

$$\alpha°_2=90°-\alpha°_1$$

$$\approx 90°-34.266°$$

$\approx 55.733°$

3. 求 HI 长度—箍筋中心线直线段长度（把 HI 连线，垂直投影到箍筋中心线上的长度）

$$HI = \sqrt{\left(\frac{WQb(B-2bhc-dz)}{Pb}\right)^2 + \left(\frac{WQh(H-2bhc-dz)}{Ph}\right)^2}$$

$$= \sqrt{\left(\frac{(1000-60-24)}{3}\right)^2 + \left(\frac{2(500-60-24)}{4}\right)^2}$$

$$= \sqrt{\left(\frac{916}{3}\right)^2 + \left(\frac{2\times 416}{4}\right)^2}$$

$$= \sqrt{305.3^2 + 208^2}$$

$$\approx 369$$

4. 求两条斜线段

$2 \times HI$

$= 2 \times 369$

≈ 738

5. 一角部弧线长度

$(R+d/2) \times 2 \times \alpha°_2 \times \pi/180°$

$= 3d \times 2 \times 55.733° \times \pi/180°$

$= 24 \times 2 \times 55.733° \times \pi/180°$

≈ 46.7

6. 两钩端的弧线长度

$2 \times (R+d/2) \times 135° \times \pi/180°$

$= 2 \times 3d \times 135° \times \pi/180°$

$= 2 \times 24 \times 2.356$

$= 113.1$

7. 钩端的直线段

$2md = 2 \times 10 \times 8$

$= 160$

8. 中心线下料长度

二条斜线段＋角部弧线长度＋二钩端的弧线长度＋钩端的直线段

$738 + 46.7 + 113.1 + 160 \approx 1058$

9. 计算外皮 $L1$

$L1 = HI + 2 \times (R+d)$

$= 369 + 2 \times 3.5d$

≈ 425

10. 计算外皮 $L2$

$L2 = (R+d/2) \times 135° \times \pi/180° + md - (R+d)$

$= 24 \times 2.356 + 80 - 28$

≈ 109

11. 计算外皮 $L1'$（按单肢展开长度算——预加工尺寸）

$L1'= \text{HI} + 3d \times 135° \times \pi/180° + md - (R+d)$

$\quad = 369 + 24 \times 2.356 + 80 + 28$

$\quad = 369 + 56.5 + 80 + 28$

$\quad = 534$

12. 计算 $k1$

$k1 = 425 \times \sin 34.3°$

$\quad = 425 \times 0.564$

$\quad = 240$

13. 计算 $k2$

$k2 = 425 \times \cos 34.3°$

$\quad = 425 \times 0.826$

$\quad = 351$

14. 计算 $k1'$

$k1' = 534 \times \sin 34.3°$

$\quad = 534 \times 0.564$

$\quad = 301$

15. 计算 $k2'$

$k2' = 534 \times \cos 34.3°$

$\quad = 534 \times 0.826$

$\quad = 441$

喇叭形三角箍筋的下料尺寸图，参看图 7－16。

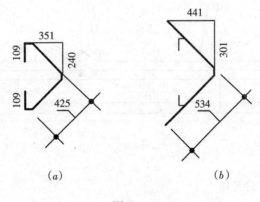

图 7－16

三、喇叭形四角箍筋计算式推导

图 7－17 所示为具有喇叭形四角箍筋的柱截面和它的尺寸注法。

参看图 7－18、图 7－19，推导喇叭形四角箍筋的计算方法。

1. 求斜筋的角度

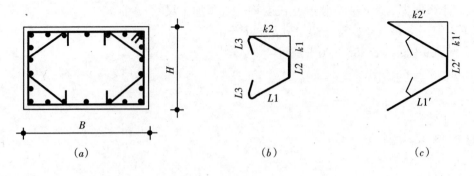

图 7—17

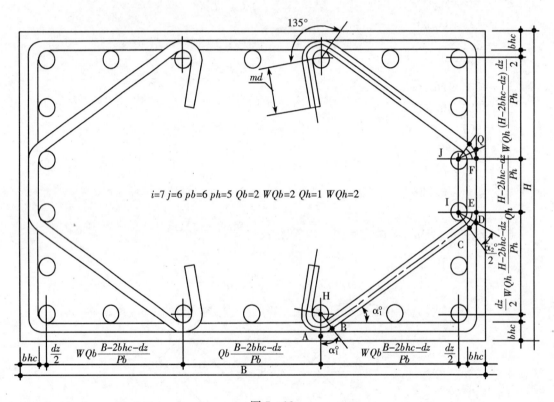

图 7—18

$\alpha°_1$ 是斜筋与水平筋的夹角

$$\alpha°_1 = \mathrm{arctg}\left[\frac{\frac{(WQh(H-2bhc-dz)}{Ph}}{\frac{WQb(B-2bhc-dz)}{Pb}}\right] \tag{7-35}$$

2. $\angle AHB = \alpha°_1$

令 $\angle CIE = \alpha°_2$

$$\alpha°_2 = 90° - \alpha°_1 \tag{7-36}$$

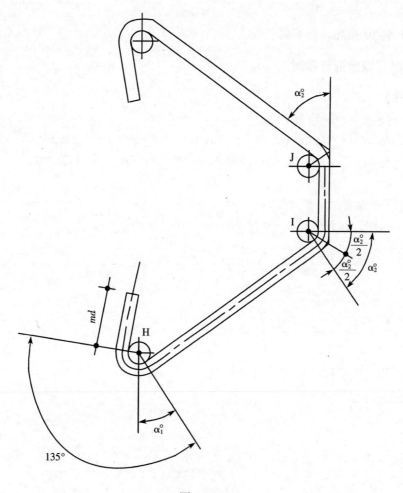

图 7—19

3. 求 HI 长度—箍筋中心线直线段长度（把 HI 连线，垂直投影到箍筋中心线上的长度）

$$HI=\sqrt{\left(\frac{WQb(B-2bhc-dz)}{Pb}\right)^2+\left(\frac{WQh(H-2bhc-dz)}{Ph}\right)^2} \qquad (7-37)$$

4. 求两条斜线段

$$2\times HI \qquad (7-38)$$

5. 求一条竖线段

$$IJ=\frac{Qh(H-2bhc-dz)}{Ph} \qquad (7-39)$$

6. JI 处二弧线长度

$$2\times(R+d/2)\times\alpha_2°\times\pi/180° \qquad (7-40)$$

7. 钩端的二弧线长度

$$2\times(R+d/2)\times135°\times\pi/180° \qquad (7-41)$$

8. 钩端的直线段

125

$$2 \times md$$

9. 将 4 至 10 相加，即下料长度。

四、喇叭形四角箍筋算例

【例 7-5】

由图 7-18 及 7-19 已知：

$B=1000$mm；$H=500$mm；$bhc=30$mm；$d=8$mm；$dz=24$mm；$R=2.5d$；$md=10d$；$i=7$；$j=6$；$Pb=6$；$Ph=5$；$Qb=2$；$WQb=2$；$Qh=1$；$WQh=2$。

解：

1. 求斜筋的角度

$$\alpha°_1 = \text{arctg} \left\{ \frac{\frac{WQh(H-2bhc-dz)}{Ph}}{\frac{WQb(B-2bhc-dz)}{Pb}} \right\}$$

$$\alpha°_1 = \text{arctg} \left\{ \frac{\frac{2(500-60-24)}{5}}{\frac{2(1000-60-24)}{6}} \right\}$$

$$\approx \text{arctg} \left(\frac{166.4}{305.3} \right)$$

$$\approx \text{arctg} \, 0.545$$

$$\approx 28.59°$$

2. 求 $\alpha°_2$

$$\alpha°_2 = 90° - \alpha°_1$$

$$\approx 90° - 28.59°$$

$$\approx 61.41°$$

3. 求 $\frac{\alpha°_2}{2}$

$$\frac{\alpha°_2}{2} \approx \frac{61.41°}{2}$$

$$\approx 30.705°$$

4. 求 HI 长度——箍筋中心线直线段长度（把 HI 连线，垂直投影到箍筋中心线上的长度）

$$HI = \sqrt{\left(\frac{WQb(B-2bhc-dz)}{Pb}\right)^2 + \left(\frac{WQh(H-2bhc-dz)}{Ph}\right)^2}$$

$$HI = \sqrt{\left(\frac{2(1000-60-24)}{6}\right)^2 + \left(\frac{2(500-60-24)}{5}\right)^2}$$

$$= \sqrt{\left(\frac{2 \times 916}{6}\right)^2 + \left(\frac{2 \times 416}{5}\right)^2}$$

$$= \sqrt{305.3^2 + 166.4^2}$$

$$\approx 347.73$$

5. 求两条斜线段

 $2 \times HI$

$= 2 \times 347.73$

≈ 696

6. 求一条竖线段

$IJ = \dfrac{Qh(H-2bhc-dz)}{Ph}$

 $= \dfrac{(500-60-24)}{5}$

 ≈ 83.2 （注意只一条）

7. JI 处二弧线

 $2 \times (R+d/2) \times \alpha°_2 \times \pi/180°$

$= 6d \times 61.41° \times \pi/180°$

$= 48 \times 1.0718$

$= 52$

8. 钩端二弧线长度

 $2 \times (R+d/2) \times 135° \times \pi/180°$

$= 2 \times 24 \times 2.356$

≈ 113

9. 钩端的直线段

$2md = 2 \times 10 \times 8$

 $= 160$

10. 中心线下料长度

两条斜线段＋一条竖线段＋二弧线＋钩端的弧线＋钩端的直线段

$696 + 83.2 + 52 + 113 + 160 \approx 1104$

11. 计算外皮 $L1$

$L1 = (R+d) + HI + (R+d) \times tg\dfrac{\alpha°_2}{2}$

 $= 28 + 347.73 + 28 \times tg30.705$

 $= 28 + 347.73 + 28 \times 0.5938$

 ≈ 392

12. 计算外皮 $L2$

$L2 = IJ + 2 \times DE$

 $= 83.2 + 2 \times (R+d) \times tg\dfrac{\alpha°_2}{2}$

 $= 83.2 + 7d \times tg30.705°$

 $= 83.2 + 56 \times 0.594$

 ≈ 117

13. 计算外皮 $L3$

$L3 = $ 端弧长度 $+ md - (R+d)$

$$=(R+d/2)\times135°\times\pi/180°+80-(R+d)$$
$$=24\times2.356+80-28$$
$$\approx109$$

14. 计算外皮差值

当折起角度为 61.41° 时 $=0.9417d$
$$\approx7.53$$

总外皮差值为 $2\times7.53\approx15$

15. 外皮法 1 计算下料长度

$$2\times L1+L2+2\times L3-15$$
$$=2\times392+117+2\times109-15$$
$$\approx1104$$

16. 计算外皮 $L1'$

$$L1'=(R+d/2)\times135°\times\pi/180°+HI+(R+d)\times\text{tg}\frac{\alpha_2°}{2}+md$$
$$=24\times2.356+347.73+3.5d\times\text{tg}30.705°+80$$
$$=57+347.73+28\times0.59+80$$
$$\approx501$$

17. 外皮法 2 计算下料长度

$$2\times L1'+L2-2\times15$$
$$=2\times501+117-15$$
$$\approx1104$$

18. 计算 $k1$

$$k1=392\times\sin\alpha_1°$$
$$=392\times\sin28.59°$$
$$=392\times0.478$$
$$=187$$

19. 计算 $k2$

$$k2=392\times\cos\alpha_1°$$
$$=392\times\cos28.59°$$
$$=392\times0.878$$
$$=344$$

20. 计算 $k1'$

$$k1'=501\times\sin\alpha_1°$$
$$=501\times\sin28.59°$$
$$=501\times0.478$$
$$=240$$

21. 计算 $k2'$

$$k2'=501\times\cos\alpha_1°$$
$$=501\times\cos28.59°$$

=501×0.878
=440

尺寸标注见图7-20。

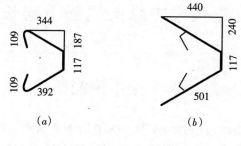

图7-20

练 习 七

1. 在多角箍筋中，除了 Qb、Qh、Pb 和 Ph 四个元素外，又增加了哪几个元素？
2. 在喇叭箍筋中，也能应用上述元素吗？
3. 利用例7-1和图7-4，只把 B 改为1200，按例中要求计算。
4. 利用例7-2和图7-8，只把 B 改为1200，按例中要求计算。
5. 利用例7-3和图7-12，只把 B 改为1200，按例中要求计算。
6. 利用例7-4和图7-14，只把 B 改为1200，按例中要求计算。
7. 利用例7-5和图7-18，只把 B 改为1200，按例中要求计算。

第八章 框架梁中纵向钢筋下料长度计算

第一节 梁中钢筋概述

本章将介绍，用平面整体表示方法制图的框架梁中的钢筋下料长度计算方法。在这种表示方法的制图中，除悬挑和加腋梁外，一般框架梁内没有弯起45°和60°的纵向受力钢筋。图8－1是楼层框架连续梁的一般图例。通俗地说，柱子附近梁中钢筋，是放在上部；跨中部分，梁中钢筋是放在下部。参照图8－2及8－3可以知道，对于安全或强度要求高的，梁的上部则设"上部贯通筋"，或称"上部通长筋"，贯通整个梁，如①号钢筋。当梁进入柱子里面时，在上部第一排要安放直角筋，如②号筋。如果②号筋还满足不了要求，再在第二排放置③号筋。位于中间柱子的梁上部，需要放置直筋，如④号筋。如果④直筋又满足不了要求，则再在梁的上部第二排放置⑤号筋。梁的跨中，需要在下部放置钢筋：边跨在下部放置直角钢筋⑥号；跨中下部放置⑦号钢筋。

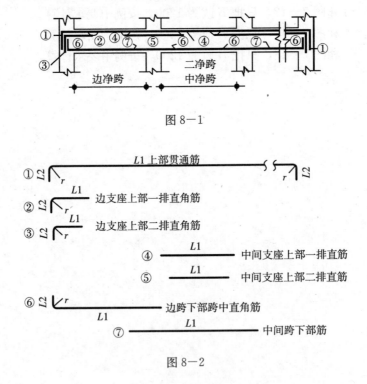

图8－1

图8－2

在屋面框架梁的边柱处，比楼层框架梁要多放一种直角筋，它的每边长，各为300mm。

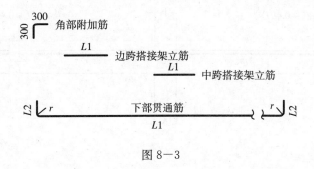

图 8—3

当梁的上部,没有放置通长筋时,由于构造上的需要,可以在梁的上部放置搭接架立筋;边跨放置边跨搭接架立筋;跨中放置跨中搭接架立筋。

根据需要,有时在梁中放置"下部贯通筋"。不论是"上部贯通筋"或"下部贯通筋",它们都是"Π"形的,即两端都是直角的。

通过上面讲解,已经知道框架连续梁,分为楼层框架连续梁和屋面框架连续框架梁。然而,从抗震角度看,又区分为:一级抗震;二级抗震;三级抗震;四级抗震和非抗震。综上所述,类别就有十种。这里跨度还没有考虑进去。

抗震等级,对梁中钢筋下料计算,有什么影响呢?抗震等级除了对于梁在构造上有一定要求外,对于梁体中的钢筋,伸入柱体部分,埋入尺寸,以及搭接方面,是有不同尺寸要求的。可想而知,抗震等级愈高,埋入和搭接尺寸愈大。

图 8—1 为了更清楚地表达纵向受力钢筋,故意没有画出箍筋。不是箍筋不重要,而是箍筋在框架梁中,在没有弯起钢筋的情况下,不只是构造上的要求,还起着受力功能作用。箍筋的下料长度计算,前面已经讲过了。

第二节 贯通筋的加工、下料尺寸

一、贯通筋加工下料尺寸计算推导

贯通筋的加工尺寸,分为三段,参看图 8—4。

图中"$\geqslant 0.4LaE$",表示一、二、三、四级抗震等级钢筋,进入柱中,水平方向的锚固长度值。括弧中的"$0.4La$",表示非抗震等级钢筋,进入柱中,水平方向锚固长度值。图中"$15d$",表示在柱中竖向的锚固长度值。

在标注贯通筋加工尺寸时,不要忘记它是标注的外皮尺寸。这时,在求下料长度时,需要减去由于有两个直角钩,而发生的外皮差值。

在框架结构的构件中,纵向受力钢筋的直角弯曲半径,单独有规定,见第二章中表 2—2。

在框架结构的构件中,常用的钢筋,有 HRB335 级和 HRB400 级钢筋;常用的混凝土,有 C30、C35 和 $\geqslant$C40 的几种。另外,还要考虑结构的抗震等级等因素。

为了计算方便,综合上述各种因素,用表的形式,把计算公式列入其中。见表 8—1、表 8—2、表 8—3、表 8—4、表 8—5 和表 8—6。

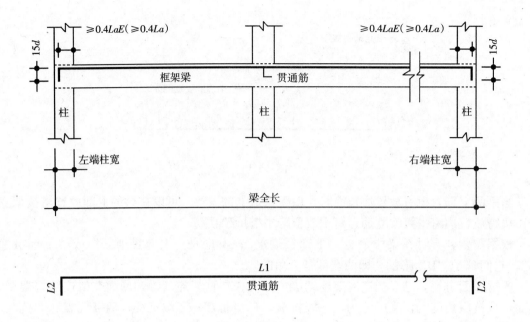

图 8-4

HRB335 级钢筋 C30 混凝土框架梁贯通筋计算表　　　　　　　　　表 8-1

单位：mm

抗震等级	L_{aE} (L_a)	直 径	$L1$	$L2$	下料长度
一级抗震	$34d$	$d \leqslant 25$	梁全长－左端柱宽－右端柱宽＋$2 \times 13.6d$		
	$38d$	$d > 25$	梁全长－左端柱宽－右端柱宽＋$2 \times 15.2d$		
二级抗震	$34d$	$d \leqslant 25$	梁全长－左端柱宽－右端柱宽＋$2 \times 13.6d$		
	$38d$	$d > 25$	梁全长－左端柱宽－右端柱宽＋$2 \times 15.2d$		
三级抗震	$31d$	$d \leqslant 25$	梁全长－左端柱宽－右端柱宽＋$2 \times 12.4d$	$15d$	$L1 + 2 \times L2 - 2 \times$ 外皮差值
	$34d$	$d > 25$	梁全长－左端柱宽－右端柱宽＋$2 \times 13.6d$		
四级抗震	($30d$)	$d \leqslant 25$	梁全长－左端柱宽－右端柱宽＋$2 \times 12d$		
	($33d$)	$d > 25$	梁全长－左端柱宽－右端柱宽＋$2 \times 13.2d$		
非抗震级	($30d$)	$d \leqslant 25$	梁全长－左端柱宽－右端柱宽＋$2 \times 12d$		
	($33d$)	$d > 25$	梁全长－左端柱宽－右端柱宽＋$2 \times 13.2d$		

HRB335 级钢筋 C35 混凝土框架梁贯通筋计算表　　　　　　　　　表 8-2

单位：mm

抗震等级	L_{aE} (L_a)	直 径	$L1$	$L2$	下料长度
一级抗震	$31d$	$d \leqslant 25$	梁全长－左端柱宽－右端柱宽＋$2 \times 12.4d$		
	$34d$	$d > 25$	梁全长－左端柱宽－右端柱宽＋$2 \times 13.6d$		
二级抗震	$31d$	$d \leqslant 25$	梁全长－左端柱宽－右端柱宽＋$2 \times 12.4d$		
	$34d$	$d > 25$	梁全长－左端柱宽－右端柱宽＋$2 \times 13.6d$		
三级抗震	$29d$	$d \leqslant 25$	梁全长－左端柱宽－右端柱宽＋$2 \times 11.6d$	$15d$	$L1 + 2 \times L2 - 2 \times$ 外皮差值
	$31d$	$d > 25$	梁全长－左端柱宽－右端柱宽＋$2 \times 12.4d$		
四级抗震	($27d$)	$d \leqslant 25$	梁全长－左端柱宽－右端柱宽＋$2 \times 10.8d$		
	($30d$)	$d > 25$	梁全长－左端柱宽－右端柱宽＋$2 \times 12d$		
非抗震级	($27d$)	$d \leqslant 25$	梁全长－左端柱宽－右端柱宽＋$2 \times 10.8d$		
	($30d$)	$d > 25$	梁全长－左端柱宽－右端柱宽＋$2 \times 12d$		

HRB335级钢筋≥C40混凝土框架梁贯通筋计算表

表 8—3

单位：mm

抗震等级	L_{aE} (L_a)	直径	L1	L2	下料长度
一级抗震	29d	$d \leqslant 25$	梁全长－左端柱宽－右端柱宽＋2×11.6d	15d	L1＋2×L2－2×外皮差值
	32d	$d > 25$	梁全长－左端柱宽－右端柱宽＋2×12.8d		
二级抗震	29d	$d \leqslant 25$	梁全长－左端柱宽－右端柱宽＋2×11.6d		
	32d	$d > 25$	梁全长－左端柱宽－右端柱宽＋2×12.8d		
三级抗震	26d	$d \leqslant 25$	梁全长－左端柱宽－右端柱宽＋2×10.4d		
	29d	$d > 25$	梁全长－左端柱宽－右端柱宽＋2×11.6d		
四级抗震	(25d)	$d \leqslant 25$	梁全长－左端柱宽－右端柱宽＋2×10d		
	(27d)	$d > 25$	梁全长－左端柱宽－右端柱宽＋2×10.8d		
非抗震级	(25d)	$d \leqslant 25$	梁全长－左端柱宽－右端柱宽＋2×10d		
	(27d)	$d > 25$	梁全长－左端柱宽－右端柱宽＋2×10.8d		

HRB400级钢筋C30混凝土框架梁贯通筋计算表

表 8—4

单位：mm

抗震等级	L_{aE} (L_a)	直径	L1	L2	下料长度
一级抗震	41d	$d \leqslant 25$	梁全长－左端柱宽－右端柱宽＋2×16.4d	15d	L1＋2×L2－2×外皮差值
	45d	$d > 25$	梁全长－左端柱宽－右端柱宽＋2×18d		
二级抗震	41d	$d \leqslant 25$	梁全长－左端柱宽－右端柱宽＋2×16.4d		
	45d	$d > 25$	梁全长－左端柱宽－右端柱宽＋2×18d		
三级抗震	37d	$d \leqslant 25$	梁全长－左端柱宽－右端柱宽＋2×14.8d		
	41d	$d > 25$	梁全长－左端柱宽－右端柱宽＋2×16.4d		
四级抗震	(36d)	$d \leqslant 25$	梁全长－左端柱宽－右端柱宽＋2×14.4d		
	(39d)	$d > 25$	梁全长－左端柱宽－右端柱宽＋2×15.6d		
非抗震级	(36d)	$d \leqslant 25$	梁全长－左端柱宽－右端柱宽＋2×14.4d		
	(39d)	$d > 25$	梁全长－左端柱宽－右端柱宽＋2×15.6d		

HRB400级钢筋C35混凝土框架梁贯通筋计算表

表 8—5

单位：mm

抗震等级	L_{aE} (L_a)	直径	L1	L2	下料长度
一级抗震	37d	$d \leqslant 25$	梁全长－左端柱宽－右端柱宽＋2×14.8d	15d	L1＋2×L2－2×外皮差值
	41d	$d > 25$	梁全长－左端柱宽－右端柱宽＋2×16.4d		
二级抗震	37d	$d \leqslant 25$	梁全长－左端柱宽－右端柱宽＋2×14.8d		
	41d	$d > 25$	梁全长－左端柱宽－右端柱宽＋2×16.4d		
三级抗震	34d	$d \leqslant 25$	梁全长－左端柱宽－右端柱宽＋2×13.6d		
	38d	$d > 25$	梁全长－左端柱宽－右端柱宽＋2×15.2d		
四级抗震	(33d)	$d \leqslant 25$	梁全长－左端柱宽－右端柱宽＋2×13.2d		
	(36d)	$d > 25$	梁全长－左端柱宽－右端柱宽＋2×14.4d		
非抗震级	(33d)	$d \leqslant 25$	梁全长－左端柱宽－右端柱宽＋2×13.2d		
	(36d)	$d > 25$	梁全长－左端柱宽－右端柱宽＋2×14.4d		

			HRB400级钢筋≥C40混凝土框架梁贯通筋计算表		表8—6

单位：mm

抗震等级	L_{aE} (L_a)	直径	L1	L2	下料长度
一级抗震	$34d$	$d\leq25$	梁全长－左端柱宽－右端柱宽＋2×13.6d		
	$38d$	$d>25$	梁全长－左端柱宽－右端柱宽＋2×15.2d		
二级抗震	$34d$	$d\leq25$	梁全长－左端柱宽－右端柱宽＋2×13.6d		
	$38d$	$d>25$	梁全长－左端柱宽－右端柱宽＋2×15.2d	$15d$	$L1+2×L2-2×$外皮差值
三级抗震	$31d$	$d\leq25$	梁全长－左端柱宽－右端柱宽＋2×12.4d		
	$34d$	$d>25$	梁全长－左端柱宽－右端柱宽＋2×13.6d		
四级抗震	($30d$)	$d\leq25$	梁全长－左端柱宽－右端柱宽＋2×12d		
	($33d$)	$d>25$	梁全长－左端柱宽－右端柱宽＋2×13.2d		
非抗震级	($30d$)	$d\leq25$	梁全长－左端柱宽－右端柱宽＋2×12d		
	($33d$)	$d>25$	梁全长－左端柱宽－右端柱宽＋2×13.2d		

二、贯通筋的加工、下料尺寸算例

【例8－1】

已知抗震等级为一级的框架楼层连续梁，选用HRB400（Ⅲ）级钢筋，直径$d=24$，C35混凝土，梁全长30.5m，两端柱宽度均为500mm，求加工尺寸（即简图及其外皮尺寸）和下料长度尺寸。

解：

$L1$＝梁全长－左端柱宽度－右端柱宽度＋14.8d
　　＝30500－500－500＋14.8×24
　　＝29855.2mm

$L2$＝15d
　　＝15×24
　　＝360mm

下料长度＝$L1+2×L2-2×$外皮差值————外皮差值查表2-2得
　　　　＝29855＋2×360－2×2.931d
　　　　≈30434mm

第三节　边跨上部直角筋的加工、下料尺寸

一、边跨上部一排直角筋的加工、下料尺寸计算原理

结合图8—2及图8—5可知，这是梁与边柱接交处，在梁的上部放置的，承受负弯矩的直角形钢筋。筋的$L1$部分，是由两部分组成：即由三分之一边净跨长度，加上0.4L_{aE}。计算时参看表8—7～表8—12进行。

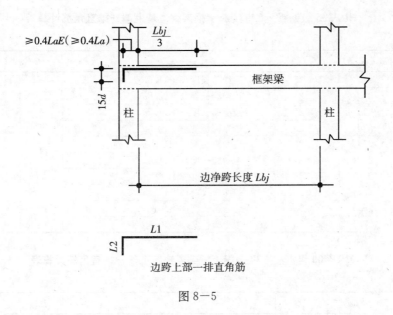

图 8—5

HRB335 级钢筋 C30 混凝土框架梁边跨上部一排直角筋计算表　　表 8—7

单位：mm

抗震等级	L_{aE} (L_a)	直　径	L1	L2	下料长度
一级抗震	34d	d≤25	边净跨长度/3＋13.6d	15d	L1＋L2－外皮差值
	38d	d＞25	边净跨长度/3＋15.2d		
二级抗震	34d	d≤25	边净跨长度/3＋13.6d		
	38d	d＞25	边净跨长度/3＋15.2d		
三级抗震	31d	d≤25	边净跨长度/3＋12.4d		
	34d	d＞25	边净跨长度/3＋13.6d		
四级抗震	(30d)	d≤25	边净跨长度/3＋12d		
	(33d)	d＞25	边净跨长度/3＋13.2d		
非抗震级	(30d)	d≤25	边净跨长度/3＋12d		
	(33d)	d＞25	边净跨长度/3＋13.2d		

HRB335 级钢筋 C35 混凝土框架梁边跨上部一排直角筋计算表　　表 8—8

单位：mm

抗震等级	L_{aE} (L_a)	直　径	L1	L2	下料长度
一级抗震	31d*	d≤25	边净跨长度/3＋12.4d	15d	L1＋L2－外皮差值
	34d	d＞25	边净跨长度/3＋13.6d		
二级抗震	31d	d≤25	边净跨长度/3＋12.4d		
	34d	d＞25	边净跨长度/3＋13.6d		
三级抗震	29d	d≤25	边净跨长度/3＋11.6d		
	31d	d＞25	边净跨长度/3＋12.4d		
四级抗震	(27d)	d≤25	边净跨长度/3＋10.8d		
	(30d)	d＞25	边净跨长度/3＋12d		
非抗震级	(27d)	d≤25	边净跨长度/3＋10.8d		
	(30d)	d＞25	边净跨长度/3＋12d		

HRB335 级钢筋≥C40 混凝土框架梁边跨上部一排直角筋计算表 表8—9

单位：mm

抗震等级	LaE (La)	直径	L1	L2	下料长度
一级抗震	29d	d≤25	边净跨长度/3+11.6d	15d	L1+L2−外皮差值
	32d	d>25	边净跨长度/3+12.8d		
二级抗震	29d	d≤25	边净跨长度/3+11.6d		
	32d	d>25	边净跨长度/3+12.8d		
三级抗震	26d	d≤25	边净跨长度/3+10.4d		
	29d	d>25	边净跨长度/3+11.6d		
四级抗震	(25d)	d≤25	边净跨长度/3+10d		
	(27d)	d>25	边净跨长度/3+10.8d		
非抗震级	(25d)	d≤25	边净跨长度/3+10d		
	(27d)	d>25	边净跨长度/3+10.8d		

HRB400 级钢筋 C30 混凝土框架梁边跨上部一排直角筋计算表 表8—10

单位：mm

抗震等级	LaE (La)	直径	L1	L2	下料长度
一级抗震	41d	d≤25	边净跨长度/3+16.4d	15d	L1+L2−外皮差值
	45d	d>25	边净跨长度/3+18d		
二级抗震	41d	d≤25	边净跨长度/3+16.4d		
	45d	d>25	边净跨长度/3+18d		
三级抗震	37d	d≤25	边净跨长度/3+14.8d		
	41d	d>25	边净跨长度/3+16.4d		
四级抗震	(36d)	d≤25	边净跨长度/3+14.4d		
	(39d)	d>25	边净跨长度/3+15.6d		
非抗震级	(36d)	d≤25	边净跨长度/3+14.4d		
	(39d)	d>25	边净跨长度/3+15.6d		

HRB400 级钢筋 C35 混凝土框架梁边跨上部一排直角筋计算表 表8—11

单位：mm

抗震等级	LaE (La)	直径	L1	L2	下料长度
一级抗震	37d	d≤25	边净跨长度/3+14.8d	15d	L1+L2−外皮差值
	41d	d>25	边净跨长度/3+16.4d		
二级抗震	37d	d≤25	边净跨长度/3+14.8d		
	41d	d>25	边净跨长度/3+16.4d		
三级抗震	34d	d≤25	边净跨长度/3+13.6d		
	38d	d>25	边净跨长度/3+15.2d		
四级抗震	(33d)	d≤25	边净跨长度/3+13.2d		
	(36d)	d>25	边净跨长度/3+14.4d		
非抗震级	(33d)	d≤25	边净跨长度/3+13.2d		
	(36d)	d>25	边净跨长度/3+14.4d		

HRB400 级钢筋≥C40 混凝土框架梁边跨上部一排直角筋计算表　　表 8—12

单位：mm

抗震等级	LaE（La）	直径	L1	L2	下料长度
一级抗震	34d	d≤25	边净跨长度/3+13.6d	15d	L1+L2－外皮差值
	38d	d>25	边净跨长度/3+15.2d		
二级抗震	34d	d≤25	边净跨长度/3+13.6d		
	38d	d>25	边净跨长度/3+15.2d		
三级抗震	31d	d≤25	边净跨长度/3+12.4d		
	34d	d>25	边净跨长度/3+13.6d		
四级抗震	(30d)	d≤25	边净跨长度/3+12d		
	(33d)	d>25	边净跨长度/3+13.2d		
非抗震级	(30d)	d≤25	边净跨长度/3+12d		
	(33d)	d>25	边净跨长度/3+13.2d		

二、边跨上部一排直角筋的加工、下料尺寸算例

【例 8—2】

已知抗震等级为三级的框架楼层连续梁，选用Ⅱ级钢筋，直径 $d=22\text{mm}$，C30 混凝土，边净跨长度为 5.5m，求加工尺寸（即简图及其外皮尺寸）和下料长度尺寸。

解：

$L1 = $ 三分之一边净跨长度 $+0.4LaE$　　　　　　　查表 8—7

　　$= 5500/3 + 12.4d$

　　$\approx 1833 + 12.4 \times 22$

　　$\approx 2106\text{mm}$

$L2 = 15d$

　　$= 15 \times 22$

　　$= 330\text{mm}$

下料长度 $= L1 + L2 -$ 外皮差值　　　　　　　外皮差值查表 2—2

　　　　$= 2106 + 330 - 2.931d$

　　　　$= 2106 + 330 - 2.931 \times 22$

　　　　$\approx 2372\text{mm}$

三、边跨上部二排直角筋的加工、下料尺寸计算

边跨上部二排直角筋的加工、下料尺寸和边跨上部一排直角筋的加工、下料尺寸的计算方法，基本相同。仅差在 L1 中前者是四分之一边净跨度，而后者是三分之一边净跨度。参看图 8—6。

计算方法与前节类似，计算步骤此处就省略了。

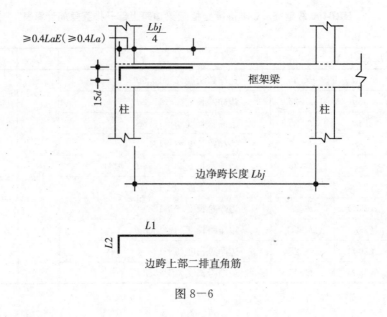

边跨上部二排直角筋

图 8-6

第四节 中间支座上部直筋的加工、下料尺寸

一、中间支座上部一排直筋的加工、下料尺寸计算原理

图 8-7 所示为中间支座上部一排直筋的示意图,此类直筋的加工、下料尺寸只需取其左、右两净跨长度大者的三分之一再乘以 2,而后加入中间柱宽即可。

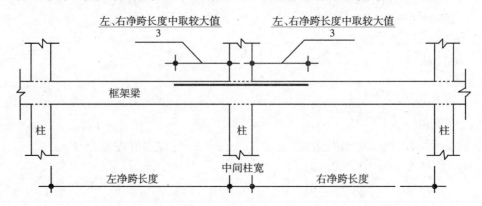

图 8-7

设:左净跨长度 $=L_{左}$;
右净跨长度 $=L_{右}$;
左、右净跨长度中取较大值 $=L_{大}$。则有
$L1 = 2 \times L_{大}/3 +$ 中间柱宽

二、中间支座上一排直筋加工、下料尺寸算例

【例 8-3】

已知框架楼层连续梁，直径 $d=22$，左净跨长度为 5.6m，右净跨长度为 5.3m，柱宽为 500mm，求钢筋下料长度尺寸。

解：

$L1 = 2 \times 5600/3 + 500$

$\approx 4233 \text{mm}$

三、中间支座上部二排直筋的加工、下料尺寸

如图 8-8 所示，中间支座上二排直筋的加工、下料尺寸计算与一排直筋基本相同，只是取左、右两跨长度大的四分之一进行计算。

设：左净跨长度 $= L_左$；

右净跨长度 $= L_右$；

左、右净跨长度中取较大值 $= L_大$。则有

$L1 = 2 \times L_大/4 + $ 中间柱宽

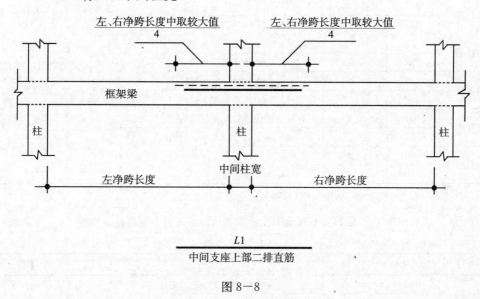

图 8-8

第五节 边跨下部跨中直角筋的加工、下料尺寸

一、计算原理

如图 8-9 所示，$L1$ 是由锚入边柱部分；边净跨度部分；锚入中柱部分三部分组成。

下料长度 $= L1 + L2 - $ 外皮差值。

具体计算见表 8-13～表 8-18。在表 8-13～表 8-18 的附注中，提及的 hc，系指框架方向柱宽。

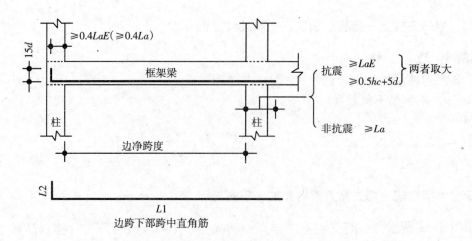

边跨下部跨中直角筋

图 8—9

HRB335 级钢筋 C30 混凝土框架梁边跨下部跨中直角筋计算表　　表 8—13

单位：mm

抗震等级	LaE（La）	直径	L1	L2	下料长度
一级抗震	34d	d≤25	13.6d+边净跨度+锚固值	15d	L1+L2－外皮差值
	38d	d>25	15.2d+边净跨度+锚固值		
二级抗震	34d	d≤25	13.6d+边净跨度+锚固值		
	38d	d>25	15.2d+边净跨度+锚固值		
三级抗震	31d	d≤25	12.4d+边净跨度+锚固值		
	34d	d>25	13.6d+边净跨度+锚固值		
四级抗震	(30d)	d≤25	12d+边净跨度+锚固值		
	(33d)	d>25	13.2d+边净跨度+锚固值		
非抗震级	(30d)	d≤25	12d+边净跨度+30d		
	(33d)	d>25	13.2d+边净跨度+33d		

LaE 与 $0.5hc+5d$，两者取大，令其等于"锚固值"；外皮差值查表 2—2。

HRB335 级钢筋 C35 混凝土框架梁边跨下部跨中直角筋计算表　　表 8—14

单位：mm

抗震等级	LaE（La）	直径	L1	L2	下料长度
一级抗震	31d	d≤25	12.4d+边净跨度+锚固值	15d	L1+L2－外皮差值
	34d	d>25	13.6d+边净跨度+锚固值		
二级抗震	31d	d≤25	12.4d+边净跨度+锚固值		
	34d	d>25	13.6d+边净跨度+锚固值		
三级抗震	29d	d≤25	11.6d+边净跨度+锚固值		
	31d	d>25	12.4d+边净跨度+锚固值		
四级抗震	(27d)	d≤25	10.8d+边净跨度+锚固值		
	(30d)	d>25	12d+边净跨度+锚固值		
非抗震级	(27d)	d≤25	10.8d+边净跨度+27d		
	(30d)	d>25	12d+边净跨度+30d		

LaE 与 $0.5hc+5d$，两者取大，令其等于"锚固值"；外皮差值查表 2—2。

HRB335级钢筋≥C40混凝土框架梁边跨下部跨中直角筋计算表   表8—15

单位：mm

抗震等级	LaE（La）	直径	L1	L2	下料长度
一级抗震	29d	d≤25	11.6d+边净跨度+锚固值	15d	L1+L2—外皮差值
	32d	d>25	12.8d+边净跨度+锚固值		
二级抗震	29d	d≤25	11.6d+边净跨度+锚固值		
	32d	d>25	12.8d+边净跨度+锚固值		
三级抗震	26d	d≤25	10.4d+边净跨度+锚固值		
	29d	d>25	11.6d+边净跨度+锚固值		
四级抗震	(25d)	d≤25	10d+边净跨度+锚固值		
	(27d)	d>25	10.8d+边净跨度+锚固值		
非抗震级	(25d)	d≤25	10d+边净跨度+25d		
	(27d)	d>25	10.8d+边净跨度+27d		

LaE 与 $0.5hc+5d$，两者取大，令其等于"锚固值"；外皮差值查表2—2。

HRB400级钢筋C30混凝土框架梁边跨下部跨中直角筋计算表   表8—16

单位：mm

抗震等级	LaE（La）	直径	L1	L2	下料长度
一级抗震	41d	d≤25	16.4d+边净跨度+锚固值	15d	L1+L2—外皮差值
	45d	d>25	18d+边净跨度+锚固值		
二级抗震	41d	d≤25	16.4d+边净跨度+锚固值		
	45d	d>25	18d+边净跨度+锚固值		
三级抗震	37d	d≤25	14.8d+边净跨度+锚固值		
	41d	d>25	16.4d+边净跨度+锚固值		
四级抗震	(36d)	d≤25	14.4d+边净跨度+锚固值		
	(39d)	d>25	15.6d+边净跨度+锚固值		
非抗震级	(36d)	d≤25	14.4d+边净跨度+36d		
	(39d)	d>25	15.6d+边净跨度+39d		

LaE 与 $0.5hc+5d$，两者取大，令其等于"锚固值"；外皮差值查表2—2。

HRB400级钢筋C35混凝土框架梁边跨下部跨中直角筋计算表   表8—17

单位：mm

抗震等级	LaE（La）	直径	L1	L2	下料长度
一级抗震	37d	d≤25	14.8d+边净跨度+锚固值	15d	L1+L2—外皮差值
	41d	d>25	16.4d+边净跨度+锚固值		
二级抗震	37d	d≤25	14.8d+边净跨度+锚固值		
	41d	d>25	16.4d+边净跨度+锚固值		
三级抗震	34d	d≤25	13.6d+边净跨度+锚固值		
	38d	d>25	15.2d+边净跨度+锚固值		
四级抗震	(33d)	d≤25	13.2d+边净跨度+锚固值		
	(36d)	d>25	14.4d+边净跨度+锚固值		
非抗震级	(33d)	d≤25	13.2d+边净跨度+33d		
	(36d)	d>25	14.4d+边净跨度+36d		

LaE 与 $0.5hc+5d$，两者取大，令其等于"锚固值"；外皮差值查表2—2。

HRB400级钢筋≥C40混凝土框架梁边跨下部跨中直角筋计算表　　　表8—18

单位：mm

抗震等级	LaE（La）	直径	L1	L2	下料长度
一级抗震	34d	d≤25	13.6d+边净跨度+锚固值	15d	L1+L2−外皮差值
	38d	d＞25	15.2d+边净跨度+锚固值		
二级抗震	34d	d≤25	13.6d+边净跨度+锚固值		
	38d	d＞25	15.2d+边净跨度+锚固值		
三级抗震	31d	d≤25	12.4d+边净跨度+锚固值		
	34d	d＞25	13.6d+边净跨度+锚固值		
四级抗震	(30d)	d≤25	12d+边净跨度+锚固值		
	(33d)	d＞25	13.2d+边净跨度+锚固值		
非抗震级	(30d)	d≤25	12d+边净跨度+30d		
	(33d)	d＞25	13.2d+边净跨度+33d		

LaE 与 $0.5hc+5d$，两者取大，令其等于"锚固值"；外皮差值查表2—2。

二、算例

【例8—4】

已知抗震等级为四级的框架楼层连续梁，选用HRB335（Ⅱ）级钢筋，直径 $d=22mm$，C30混凝土，边净跨长度为5.2m，柱宽400mm，求加工尺寸（即简图及其外皮尺寸）和下料长度尺寸。

解：

$LaE=30d$

　　$=660mm$

$0.5hc+5d$

$=200+110$

$=310mm$

取660

$L1=12d+5200+660$

　　$=6124mm$

$L2=15d$

　　$=330mm$

下料长度$=L1+L2−$外皮差值

　　　　$=6124+330−2.931d$

　　　　$≈6389mm$

第六节　中间跨下部筋的加工、下料尺寸

一、计算原理

由图8—10可知：L1是由中间净跨长度，锚入左柱部分，锚入右柱部分三部分组成

的，即：

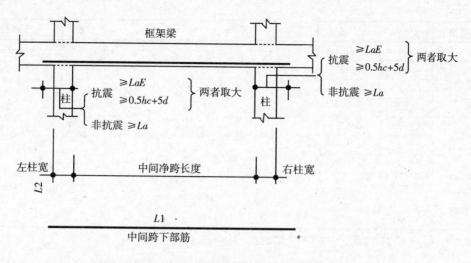

图 8—10

下料长度 $L1$＝中间净跨长度＋锚入左柱部分＋锚入右柱部分。

锚入左部分、锚入右柱部分经取较大值后，各称为"左锚固值"、"右锚固值"。请注意，当左、右两柱的宽度不一样时，两个"锚固值"是不相等的。

具体计算见表 8—19～表 8—24。在表 8—19～表 8—24 的附注中，提及的 hc，系指沿框架方向柱宽。

HRB335 级钢筋 C30 混凝土框架梁中间跨下部筋计算表　　表 8—19

单位：mm

抗震等级	LaE（La）	直 径	L1	L2	下料长度
一级抗震	$34d$	$d \leqslant 25$	左锚固值＋中间净跨长度＋右锚固值	$15d$	$L1$
	$38d$	$d > 25$			
二级抗震	$34d$	$d \leqslant 25$			
	$38d$	$d > 25$			
三级抗震	$31d$	$d \leqslant 25$			
	$34d$	$d > 25$			
四级抗震	$(30d)$	$d \leqslant 25$			
	$(33d)$	$d > 25$			
非抗震级	$(30d)$	$d \leqslant 25$			
	$(33d)$	$d > 25$			

LaE 与 $0.5hc+5d$，两者取大，令其等于"锚固值"；外皮差值查表 2—2。

HRB335 级钢筋 C35 混凝土框架梁中间跨下部筋计算表　　　　表 8－20

单位：mm

抗震等级	LaE (La)	直径	L1	L2	下料长度
一级抗震	31d	d≤25	左锚固值＋中间净跨长度＋右锚固值	15d	L1
	34d	d>25			
二级抗震	31d	d≤25			
	34d	d>25			
三级抗震	29d	d≤25			
	31d	d>25			
四级抗震	(27d)	d≤25			
	(30d)	d>25			
非抗震级	(27d)	d≤25			
	(30d)	d>25			

LaE 与 $0.5h_c+5d$，两者取大，令其等于"锚固值"；外皮差值查表 2－2。

HRB335 级钢筋≥C40 混凝土框架梁中间跨下部筋计算表　　　　表 8－21

单位：mm

抗震等级	LaE (La)	直径	L1	L2	下料长度
一级抗震	29d	d≤25	左锚固值＋中间净跨长度＋右锚固值	15d	L1
	32d	d>25			
二级抗震	29d	d≤25			
	32d	d>25			
三级抗震	26d	d≤25			
	29d	d>25			
四级抗震	(25d)	d≤25			
	(27d)	d>25			
非抗震级	(25d)	d≤25			
	(27d)	d>25			

LaE 与 $0.5h_c+5d$，两者取大，令其等于"锚固值"；外皮差值查表 2－2。

HRB400 级钢筋 C30 混凝土框架梁中间跨下部筋计算表　　　　表 8－22

单位：mm

抗震等级	LaE (La)	直径	L1	L2	下料长度
一级抗震	41d	d≤25	左锚固值＋中间净跨长度＋右锚固值	15d	L1
	45d	d>25			
二级抗震	41d	d≤25			
	45d	d>25			
三级抗震	37d	d≤25			
	41d	d>25			
四级抗震	(36d)	d≤25			
	(39d)	d>25			
非抗震级	(36d)	d≤25			
	(39d)	d>25			

LaE 与 $0.5h_c+5d$，两者取大，令其等于"锚固值"；外皮差值查表 2－2。

HRB400 级钢筋 C35 混凝土框架梁中间跨下部筋计算表　　　　表 8-23

单位：mm

抗震等级	LaE（La）	直径	L1	L2	下料长度
一级抗震	37d	$d \leqslant 25$	左锚固值+中间净跨长度+右锚固值	15d	L1
一级抗震	41d	$d > 25$			
二级抗震	37d	$d \leqslant 25$			
二级抗震	41d	$d > 25$			
三级抗震	34d	$d \leqslant 25$			
三级抗震	38d	$d > 25$			
四级抗震	(33d)	$d \leqslant 25$			
四级抗震	(36d)	$d > 25$			
非抗震级	(33d)	$d \leqslant 25$			
非抗震级	(36d)	$d > 25$			

LaE 与 $0.5h_c + 5d$，两者取大，令其等于"锚固值"；外皮差值查表 2-2。

HRB400 级钢筋≥C40 混凝土框架梁中间跨下部筋计算表　　　　表 8-24

单位：mm

抗震等级	LaE（La）	直径	L1	L2	下料长度
一级抗震	34d	$d \leqslant 25$	左锚固值+中间净跨长度+右锚固值	15d	L1
一级抗震	38d	$d > 25$			
二级抗震	34d	$d \leqslant 25$			
二级抗震	38d	$d > 25$			
三级抗震	31d	$d \leqslant 25$			
三级抗震	34d	$d > 25$			
四级抗震	(30d)	$d \leqslant 25$			
四级抗震	(33d)	$d > 25$			
非抗震级	(30d)	$d \leqslant 25$			
非抗震级	(33d)	$d > 25$			

LaE 与 $0.5h_c + 5d$，两者取大，令其等于"锚固值"；外皮差值查表 2-2。

二、算例

【例 8-5】

已知抗震等级为三级的框架楼层连续梁，选用 HRB335（Ⅱ）级钢筋，直径 $d = 22$mm，C30 混凝土，中间净跨长度为 4.9m，左柱宽 400mm，右柱宽 500mm 求加工尺寸（即简图及其外皮尺寸）和下料长度尺寸。

解：

参见表 8-19。

求 LaE

$L_{aE} = 31d$
　　　$= 31 \times 22$
　　　$= 682$

求左锚固值
　$0.5h_c + 5d$
$= 0.5 \times 400 + 5 \times 22$
$= 200 + 110$
$= 310$

310 与 682 比较，左锚固值 = 682

求右锚固值
　$0.5h_c + 5d$
$= 0.5 \times 500 + 5 \times 22$
$= 250 + 110$
$= 360$

360 与 682 比较，右锚固值 = 682

求 $L1$（这里 $L1$ = 下料长度）
$L1 = 682 + 4900 + 682$
　　$= 6264$

第七节　边跨和中跨搭接架立筋的下料尺寸

一、边跨搭接架立筋的下料尺寸计算原理

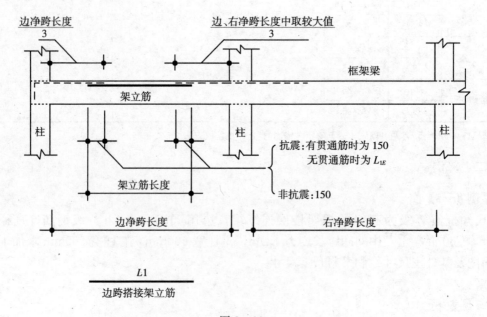

图 8—11

图 8—11 所示为架立筋与边净跨长度、左右净跨长度以及搭接长度的关系。

计算时，首先需要知道和哪个筋搭接。边跨搭接架立筋是要和两根筋搭接：一端是和边跨上部一排直角筋的水平端搭接；另一端是和中间支座上部一排直筋搭接。搭接长度有规定，结构为抗震时：有贯通筋时为 150mm；无贯通筋时为 LlE。考虑此架立筋是构造需要，建议 LlE 按 $1.2LaE$ 取值。结构为非抗震时，搭接长度为 150mm。

计算方法如下：

边净跨长度－（边净跨长度/3）－（左、右净跨长度中取较大值/3）＋2（搭接长度）

二、边跨搭接架立筋下料尺寸算例

【例 8—6】
已知梁已有贯通筋，边净跨长度 6.1m，右净跨长度为 5.8m，求架立筋的长度。

解：
因为边净跨长度比左净跨长度大，所以
6100－6100/3－6100/3＋2×150≈2333mm

三、中跨搭接架立筋的下料尺寸计算

图 8—12 所示为中跨搭接架立筋与左、右净跨长度及中间跨净跨长度的关系。

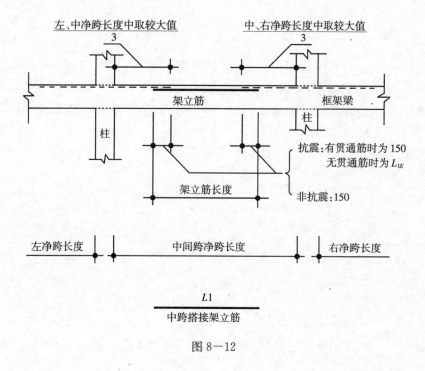

图 8—12

中跨搭接架立筋的下料尺寸计算，与边跨搭接架立筋的下料尺寸计算，基本相同。只是把边跨改成了中间跨而已。算法大体同前节，看着图 8—12 就能计算了。

第八节 角部附加筋的加工、下料尺寸及其余钢筋计算

一、角部附加筋的计算

角部附加筋是用在顶层屋面梁与边角柱的节点处,所以,它的加工弯曲半径 $R=6d$。参看图 8—13。

【例 8—7】

设 $d=22$

下料长度=300+300—外皮差值。外皮差值查表 2—2,为 $3.79d$。

下料长度=300+300—3.79×22
=600—3.79×22
≈517mm

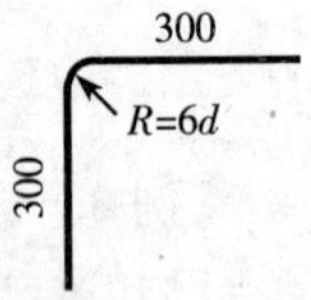

图 8—13

二、其余钢筋的计算

下部贯通筋和侧面纵向抗扭钢筋的加工、下料尺寸,计算方法同上部贯通筋。梁侧面纵向构造钢筋,属于不需计算的,伸至梁端(前 30mm)即可。

练 习 八

1. 把例 8—1 中的直径改成 30mm,再按该题意计算。
2. 把例 8—2 中的 C30 改成 C40,再按该题意计算。
3. 把例 8—3 中的左净跨长度 5.6m 改成 5m,左净跨长度 5.3m 改成 4.7m,再按该题意计算。
4. 把例 8—4 中抗震等级改成一级后,再按该题意计算。

第九章 框架柱中竖向钢筋下料长度计算

第一节 框架柱中钢筋的加工和下料尺寸计算的概念

框架柱中的钢筋,按位置可区分为:顶层钢筋;中层钢筋;底层钢筋。柱中的钢筋较多的时候,同类的钢筋需要长短交错排列放置。因此,又有长筋和短筋之分。

框架柱根据它所处的位置不同,又分为中柱、边柱和角柱三种。

顶层钢筋根据它所弯向的方向不同,又分为向梁筋(就近弯向梁的一侧)、向边筋(弯向远离的对边那一侧)、远梁筋(弯向远离的那一侧的梁)。位于柱角处的向梁筋,称为角部向梁筋,位于非角部的向梁筋,则称为中部向梁筋。其他,依此类推。

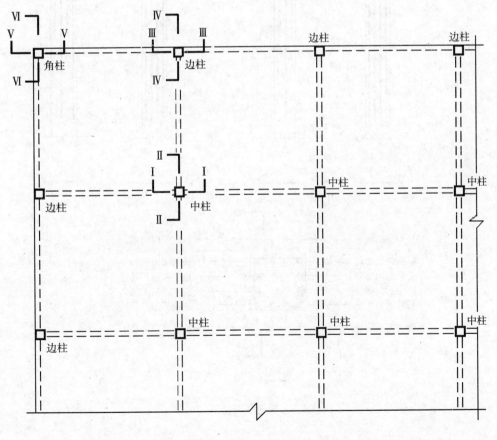

图 9-1

一、各种框架柱的概念

看了图 9—1 柱平面图，什么是角柱、边柱和中柱，就一目了然了。在图 9—1 中，对于角柱、边柱和中柱，各取了两个剖面图，以表示典型的样式和配筋。柱的顶层钢筋比较麻烦，如角柱的顶层钢筋。

二、中柱的顶层钢筋

图 9—2 是中柱的平、剖面图，表示了顶层钢筋。

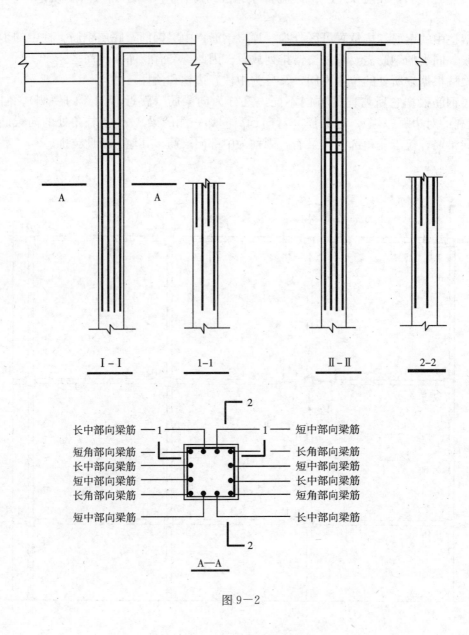

图 9—2

通常柱的截面宽度，要比梁的截面宽度还宽。这时顶部的向梁筋，梁中容纳不下，剩下的插入板中。在图9—2中的Ⅰ—Ⅰ、Ⅱ—Ⅱ剖面图中，看不出其中竖筋有长度之分。这是因为长筋和短筋，在投影过程中出现重影现象，长筋掩盖了短筋。但是，如果再在A—A平面图中再取1—1、2—2剖面时，则长、短筋就看清楚了。

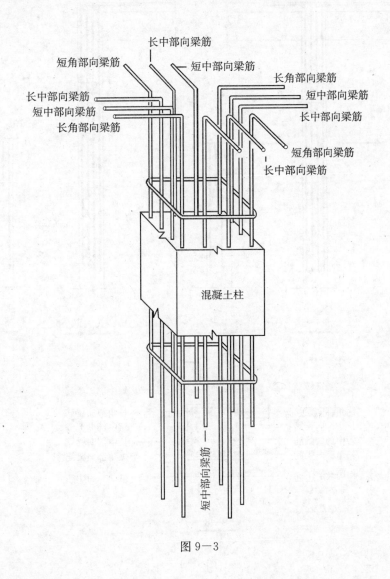

图9—3

图9—3是顶层中柱的钢筋立体图。

在本节中，例子中的柱筋都是12根。筋的长、短是人为确定的。但是，长、短各半和长、短相间，是固定不变的。顶筋的长和短，是表现在筋的下端。

中柱顶筋的类别划分，是为讲解各类钢筋的部位摆放。对于加工及其尺寸来说，只是两种：长向梁筋；短向梁筋。

三、边柱的顶层钢筋

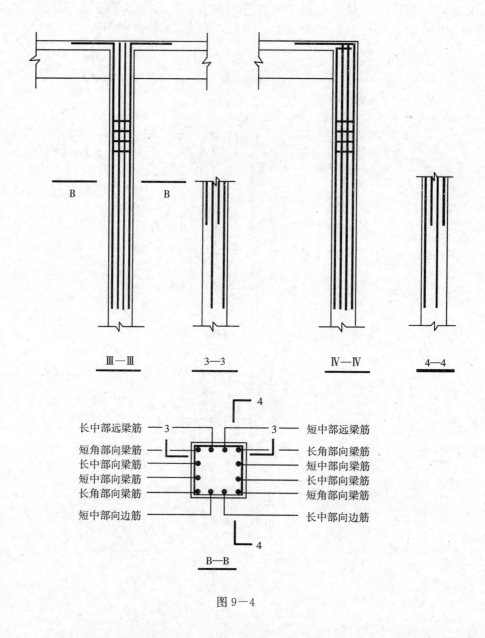

图 9－4

图 9－4 是边柱的平、剖面图，表示了顶层钢筋。

与中柱相比，由于边柱有一个侧面是外边缘，边柱中的钢筋种类，多了远梁筋和向边筋。远梁筋和向边筋在放置时，远梁筋是放在上一排，而向边筋是放在第二排。这样的安放，在Ⅳ—Ⅳ剖面图中可以看得很清楚。

图 9－5 是顶层边柱的钢筋立体图。

请注意，远梁筋是从柱子的外侧，向里侧弯折，而且还是位于最上排。至于向边筋，

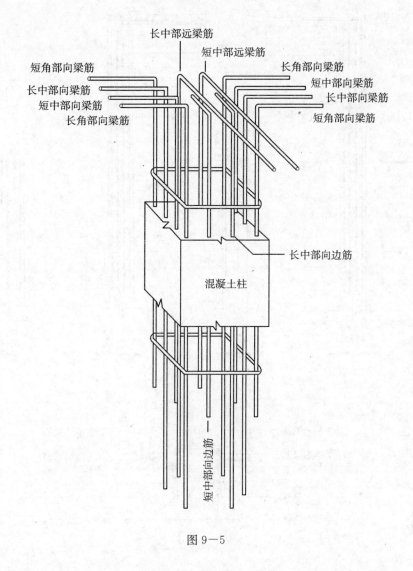

图 9—5

则是从柱子里侧，向柱子外侧弯折，属于第二排。远梁筋和向边筋，各两根。

四、角柱的顶层钢筋

图 9—6 是角柱的平、剖面图，表示了顶层钢筋。

这里，首先介绍一下钢筋在剖面图中的图示方法。弯向近人方向为黑圆点；与此相反方向，则不画黑圆点。由于角柱中的钢筋，弯折方向复杂，安放层次又多，应特别注意。角柱两侧有外边缘，位于外边缘的钢筋，都分别向自己的里侧方向弯折。这样两排水平部位的钢筋，有一排安放在第一排，另一排安放在第二排。剩下的两排里侧钢筋，也都分别向自己的对边弯去。毫无疑问，一边是第三排，另一边是第四排。

图 9—7 是顶层角柱的钢筋立体图。

为了更清楚地了解角柱头钢筋弯折情况，图 9—7 采用了分离式的画法，自上而下地，

153

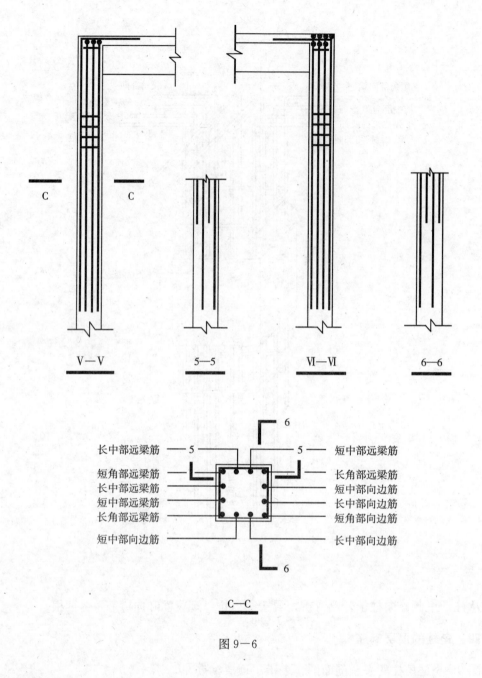

图 9—6

分层分排地，予以表达。

第二节 中柱顶筋的加工和下料尺寸计算

各种柱的顶筋，都弯成直角（弯曲半径见表2—2），分有水平部分和竖直部分。而且，除了尺寸计算以外，筋的摆放，从立体图中也可以得到启示。

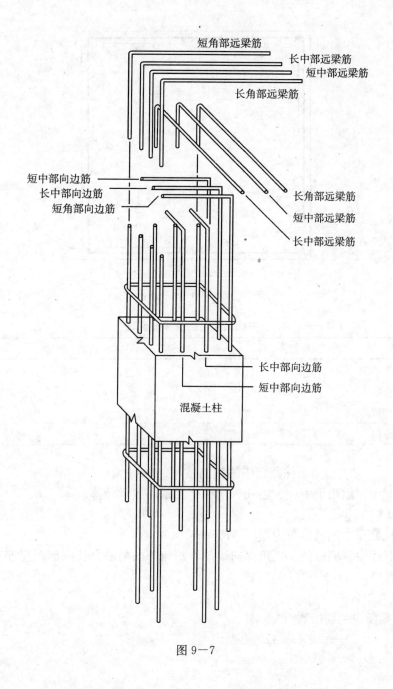

图 9-7

一、中柱顶筋的类别和数量

在第二章里,已经讲过 i 和 j 的概念。这里,为了配合看表 9-1 方便,再一次把 i、j 概念图,在此复习一下。参看图 9-8。

表 9-1 给出了中柱截面中各种加工类形钢筋的计算。

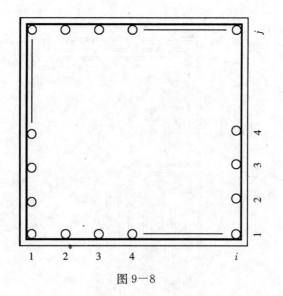

图 9—8

中柱顶筋类别及其数量表　　　　　　　　　　　表 9—1

	长角部向梁筋	短角部向梁筋	长中部向梁筋	短中部向梁筋
i 为偶数，j 也为偶数				
i 为偶数，j 为奇数	2	2	$i+j-4$	$i+j-4$
i 为奇数，j 为偶数				
i 为奇数，j 为奇数	4	0	$i+j-6$	$i+j-2$

$$柱截面中的钢筋数 = 2\times(i+j)-4 \qquad (9-1)$$

公式（9—1）适用于中柱、边柱和角柱中的钢筋数量计算。

【例 9—1】

已知中柱截面中钢筋分布为：$i=8$；$j=8$。

求中柱截面中钢筋根数及长角部向梁筋、短角部向梁筋、长中部向梁筋和短中部向梁筋各为多少？

解：

1. 中柱截面中钢筋根数
$$=2\times(i+j)-4$$
$$=2\times(8+8)-4$$
$$=28$$
2. 长角部向梁筋 $=2$
3. 短角部向梁筋 $=2$
4. 长中部向梁筋 $=i+j-4$
$$=12$$
5. 短中部向梁筋 $=i+j-4$
$$=12$$

验算：

长角部向梁筋＋短角部向梁筋＋长中部向梁筋＋短中部向梁筋
＝2＋2＋12＋12
＝28
正确无误。

【例 9－2】

已知中柱截面中钢筋分布为：$i=9$；$j=9$。

求中柱截面中钢筋根数及长角部向梁筋、短角部向梁筋、长中部向梁筋和短中部向梁筋各为多少？

解：

1. 中柱截面中钢筋根数
$$=2\times(i+j)-4$$
$$=2\times(9+9)-4$$
$$=32$$

2. 长角部向梁筋＝4

3. 短角部向梁筋＝0

4. 长中部向梁筋＝$i+j-6$
$$=12$$

5. 短中部向梁筋＝$i+j-2$
$$=16$$

验算：

长角部向梁筋＋短角部向梁筋＋长中部向梁筋＋短中部向梁筋
＝4＋0＋12＋16
＝32
正确无误。

二、中柱顶筋计算

从中柱的两个剖面方向看，都是向梁筋。现在把向梁筋的计算公式列在下面。在图 9－9 的算式中，有"max {}"符号，意思是从 {} 内选出它们中的最大值。

【例 9－3】

已知：三级抗震楼层中柱，钢筋 $d=20$mm；混凝土 C30；梁高 700mm；梁保护层 25mm；柱净高 2600mm；柱宽 400mm。

求：向梁筋的长 $L1$、短 $L1$ 和 $L2$ 的加工、下料尺寸。

解：

长 $L1$＝层高－max{柱净高/6,柱宽,500}－梁保护层
$$=2600+700-\max\{2600/6,400,500\}-25$$
$$=3300-500-25$$
$$=2775\text{mm}$$

短 $L1$＝层高－max{柱净高/6,柱宽,500}－max{35d,500}－梁保护层
$$=2600+700-\max\{2600/6,400,500\}-\max\{700,500\}-25$$

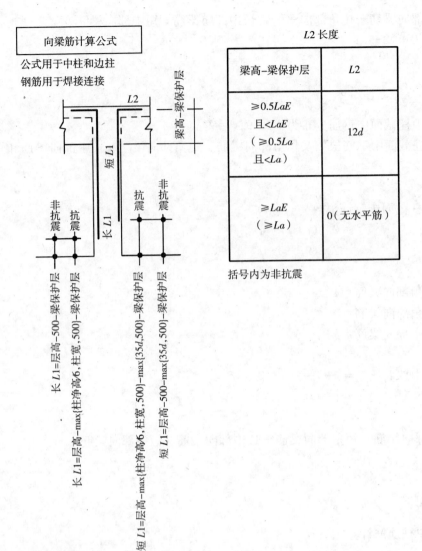

图9-9

$$=3300-500-700-25$$
$$=2075\text{mm}$$

梁高-梁保护层
$$=700-25$$
$$=675\text{mm}$$

三级抗震，$d=20\text{mm}$，C30时，$LaE=31d$
$$=620\text{mm}$$

∵（梁高-梁保护层）$\geq LaE$

∴$L2=0$

无需弯有水平段的筋$L2$。因此，长$L1$、短$L1$的下料长度分别等于自身。

【例9-4】

已知：二级抗震楼层中柱，钢筋$d=20\text{mm}$；混凝土C30；梁高500mm；梁保护

25mm；柱净高 2600mm；柱宽 400mm。$i=8$；$j=8$。

求：向梁筋的长 $L1$、短 $L1$ 和 $L2$ 的加工、下料尺寸。

解：

长 $L1$ ＝层高－max｛柱净高/6,柱宽,500｝－梁保护层
　　　＝2600＋500－max｛2600/6,400,500｝－25
　　　＝3100－500－25
　　　＝2575mm

短 $L1$ ＝层高－max｛柱净高/6,柱宽,500｝－max｛$35d$,500｝－梁保护层
　　　＝2600＋500－max｛2600/6,400,500｝－max｛700,500｝－25
　　　＝3100－500－700－25
　　　＝1875mm

梁高－梁保护层
＝500－25
＝475mm

二级抗震，$d=20$mm，C30 时，$LaE=34d$
　　　　　　　　　　　　　　　　　＝680mm

∵ $0.5LaE<$（梁高－梁保护层）$<LaE$
∴ $L2=12d$
　　＝240mm

长向梁筋下料长度＝长 $L1+L2$－外皮差值
　　　　　　　　＝2575＋240－2.931d
　　　　　　　　≈2575＋240－59
　　　　　　　　≈2756mm

短向梁筋下料长度＝短 $L1+L2$－外皮差值
　　　　　　　　＝1875＋240－2.931d
　　　　　　　　≈1875＋240－59
　　　　　　　　≈2056mm

前面已经说过，中柱顶筋的类别划分，是为讲解各类钢筋的部位摆放。对于加工及其尺寸来说，只是长向梁筋和短向梁筋两种。

钢筋数量＝2×(8＋8)－4
　　　　＝28

也就是说，每根柱中：长向梁筋 6 根；短向梁筋 6 根。参看图 9－10。

第三节　边柱顶筋的加工和下料尺寸计算

一、边柱顶筋的类别和数量

表 9－2 给出了边柱截面边各种加工类形钢筋的计算。

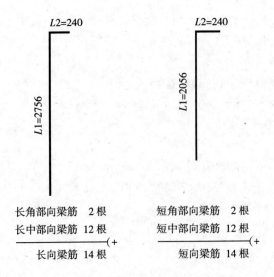

图 9—10

边柱顶筋类别及其数量表　　　　　　　　　　　　　　　　　　　表 9—2

	长角部向梁筋	短角部向梁筋	长中部向梁筋	短中部向梁筋	长中部远梁筋	短中部远梁筋	长中部向边筋	短中部向边筋
i 为偶数 j 为偶数	2	2	$j-2$	$j-2$	$(i-2)/2$	$(i-2)/2$	$(i-2)/2$	$(i-2)/2$
i 为偶数 j 为奇数								
i 为奇数 j 为偶数	2	2	$j-2$	$j-2$	$(i-3)/2$	$(i-1)/2$	$(i-1)/2$	$(i-3)/2$
i 为奇数 j 为奇数	4	0	$j-3$	$j-1$	$(i-3)/2$	$(i-1)/2$	$(i-3)/2$	$(i-1)/2$

【例 9—5】

已知边柱截面中钢筋分布为：$i=8$；$j=9$。

求边柱截面中钢筋根数及长角部向梁筋、短角部向梁筋、长中部向梁筋、短中部向梁筋、长中部远梁筋、短中部远梁筋、长中部向边筋和短中部向边筋各为多少？

解：

1. 边柱截面中钢筋根数

$$=2\times(i+j)-4$$
$$=2\times(8+9)-4$$
$$=30$$

2. 长角部向梁筋 $=2$
3. 短角部向梁筋 $=2$
4. 长中部向梁筋 $=j-2$
$$=7$$

5. 短中部向梁筋＝$j-2$
   　　　　＝7
6. 长中部远梁筋＝$(i-2)/2$
   　　　　＝$(8-2)/2$
   　　　　＝3
7. 短中部远梁筋＝$(i-2)/2$
   　　　　＝$(8-2)/2$
   　　　　＝3
8. 长中部向边筋＝$(i-2)/2$
   　　　　＝$(8-2)/2$
   　　　　＝3
9. 短中部向边筋＝$(i-2)/2$
   　　　　＝$(8-2)/2$
   　　　　＝3

验算：

长角部向梁筋＋短角部向梁筋＋长中部向梁筋＋短中部向梁筋
＝2＋2＋7＋7＋3＋3＋3＋3
＝30

正确无误。

【例 9－6】

已知边柱截面中钢筋分布为：$i=9$；$j=8$。

求边柱截面中钢筋根数及长角部向梁筋、短角部向梁筋、长中部向梁筋、短中部向梁筋、长中部远梁筋、短中部远梁筋、长中部向边筋、短中部向边筋各为多少？

解：

1. 边柱截面中钢筋根数
   　　　　＝$2\times(i+j)-4$
   　　　　＝$2\times(9+8)-4$
   　　　　＝30
2. 长角部向梁筋＝2
3. 短角部向梁筋＝2
4. 长中部向梁筋＝$j-2$
   　　　　＝6
5. 短中部向梁筋＝$j-2$
   　　　　＝6
6. 长中部远梁筋＝$(i-3)/2$
   　　　　＝$(9-3)/2$
   　　　　＝3
7. 短中部远梁筋＝$(i-1)/2$
   　　　　＝$(9-1)/2$
   　　　　＝4

8. 长中部向边筋$=(i-1)/2$
$$=(9-1)/2$$
$$=4$$

9. 短中部向边筋$=(i-3)/2$
$$=(9-3)/2$$
$$=3$$

验算：

长角部向梁筋＋短角部向梁筋＋长中部向梁筋＋短中部向梁筋＋长中部远梁筋＋短中部远梁筋＋长中部向边筋＋短中部向边筋

$=2+2+6+6+3+4+4+3$

$=30$

正确无误。

【例 9—7】

已知边柱截面中钢筋分布为：$i=9$；$j=9$。

求边柱截面中钢筋根数及长角部向梁筋、短角部向梁筋、长中部向梁筋、短中部向梁筋、长中部远梁筋、短中部远梁筋、长中部向边筋、短中部向边筋各为多少？

解：

1. 边柱截面中钢筋根数
$$=2\times(i+j)-4$$
$$=2\times(9+9)-4$$
$$=32$$

2. 长角部向梁筋$=4$

3. 短角部向梁筋$=0$

4. 长中部向梁筋$=j-3$
$$=6$$

5. 短中部向梁筋$=j-1$
$$=8$$

6. 长中部远梁筋$=(i-3)/2$
$$=(9-3)/2$$
$$=3$$

7. 短中部远梁筋$=(i-1)/2$
$$=(9-1)/2$$
$$=4$$

8. 长中部向边筋$=(i-3)/2$
$$=(9-3)/2$$
$$=3$$

9. 短中部向边筋$=(i-1)/2$
$$=(9-1)/2$$
$$=4$$

验算：

长角部向梁筋＋短角部向梁筋＋长中部向梁筋＋短中部向梁筋＋长中部远梁筋＋短中部远梁筋＋长中部向边筋＋短中部向边筋
＝4＋0＋6＋8＋3＋4＋3＋4
＝32

正确无误。

二、边柱顶筋计算

边柱顶筋与中柱相比，除了向梁筋计算相同外，还有向边筋和远梁筋。加上各有长、短之分，共有六种加工尺寸之分。

向梁筋的计算方法和中柱里的向梁筋是一样的。另外，远梁筋的 $L1$ 与向梁筋的 $L1$，也是一样的。向边筋的 $L2$，比远梁筋的 $L2$ 低一排（即低 $d+30$），所以，向边筋的 $L2$，要短 $d+30$。参看图 9—11。

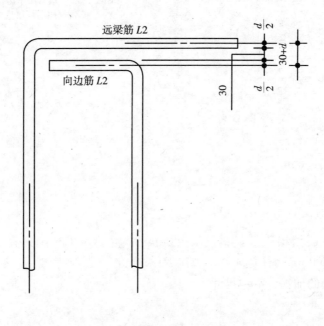

图 9—11

由图 9—11 中还可看到远梁筋与向边筋是相向弯折的。图 9—12 为边柱中的向边筋示意图及其计算公式，图 9—13 为边柱远梁筋示意图及计算公式。再强调一下，钢筋类别数量，是指钢筋安放部位来说的。钢筋加工种类是按加工尺寸形状来区分的。比如说，边柱的钢筋类别数量是八个，即：长角部向梁筋、短角部向梁筋、长中部向梁筋、短中部向梁筋、长中部远梁筋、短中部远梁筋、长中部向边筋和短中部向边筋。如按加工尺寸形状来区分，即：长向梁筋、短向梁筋、长远梁筋、短远梁筋、长向边筋和短向边筋。也就是说，钢筋加工时，按这六种尺寸加工就行了。

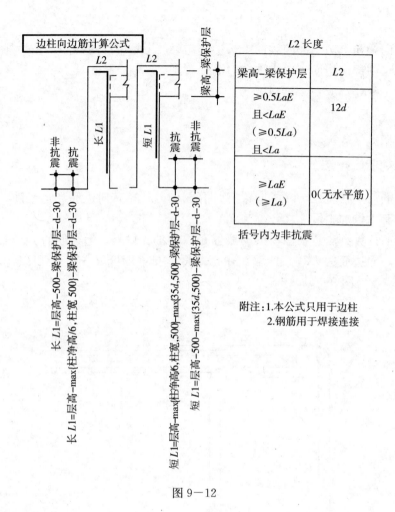

图 9—12

【例 9—8】

已知：二级抗震楼层边柱，钢筋 $d=20$mm；混凝土 C30；梁高 500mm；梁保护层 25mm；柱净高 2600mm；柱宽 400mm。$i=9$；$j=9$。

求：各种钢筋的加工、下料尺寸。

解：

1. 长向梁筋

(1) 长 $L1=$ 层高－max｛柱净高/6，柱宽，500｝－梁保护层

$=2600+500-\max\{2600/6,400,500\}-25$

$=3100-500-25$

$=2575$mm

(2) 计算 $L2$

二级抗震，$d=20$mm，C30 时，$LaE=34d$

$=680$mm

梁高－梁保护层

$=500-25$

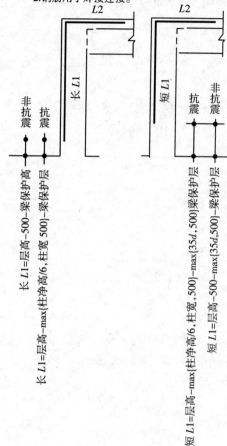

图 9—13

$$=475\text{mm}$$
$$\because 0.5L_{aE} < (\text{梁高}-\text{梁保护层}) < L_{aE}$$
$$\therefore L2 = 12d$$
$$=240\text{mm}$$

(3) 长向梁筋下料长度＝长 $L1+L2-$外皮差值
$$=2575+240-2.931d$$
$$\approx 2575+240-59$$
$$\approx 2756\text{mm}$$

2. 短向梁筋

(1) 短 $L1=$层高$-\max\{$柱净高$/6,$柱宽$,500\}-\max\{35d,500\}-$梁保护层
$$=2600+500-\max\{2600/6,400,500\}-\max\{700,500\}-25$$
$$=3100-500-700-25$$

$$=1875\text{mm}$$

(2) $L2 = 12d$
$$=240\text{mm}$$

(3) 短向梁筋下料长度 = 短 $L1+L2-$外皮差值
$$=1875+240-2.931d$$
$$\approx 1875+240-59$$
$$\approx 2056\text{mm}$$

3. 长远梁筋

(1) 长 $L1=$ 层高 $-\max\{$柱净高$/6,$柱宽$,500\}-$梁保护层
$$=2600+500-\max\{2600/6,400,500\}-25$$
$$=3100-500-25$$
$$=2575\text{mm}$$

(2) $L2 = 1.5LaE-$梁高$+$梁保护层
$$=1.5\times 34d-500+25$$
$$=545\text{mm}$$

(3) 长远梁筋下料长度 = 长 $L1+L2-$外皮差值
$$=2575+545-2.931d$$
$$\approx 3061\text{mm}$$

4. 短远梁筋

(1) 短 $L1=$ 层高 $-\max\{$柱净高$/6,$柱宽$,500\}-\max\{35d,500\}-$梁保护层
$$=2600+500-\max\{2600/6,400,500\}-700-25$$
$$=3100-500-700-25$$
$$=1875\text{mm}$$

(2) $L2 = 1.5LaE-$梁高$+$梁保护层
$$=1.5\times 34d-500+25$$
$$=545\text{mm}$$

(3) 短远梁筋下料长度 = 长 $L1+L2-$外皮差值
$$=1875+545-2.931d$$
$$\approx 2361\text{mm}$$

5. 长向边筋

(1) 长 $L1=$ 层高 $-\max\{$柱净高$/6,$柱宽$,500\}-$梁保护层$-d-30$
$$=2600+500-\max\{2600/6,400,500\}-25-20-30$$
$$=3100-500-25-20-30$$
$$=2525\text{mm}$$

(2) $L2 = 12d$
$$=240$$

(3) 长远梁筋下料长度 = 长 $L1+L2-$外皮差值
$$=2525+240-2.931d$$
$$\approx 2706\text{mm}$$

6. 短向边筋

(1) 短 $L1$ = 层高 － max{柱净高/6,柱宽,500} － max{35d,500} － 梁保护层 － d － 30
   = 2600＋500 － max{2600/6,400,500} － 700 － 25 － d － 30
   = 3100 － 500 － 700 － 25 － 20 － 30
   = 1825mm

(2) $L2 = 12d$
   = 240mm

(3) 短远梁筋下料长度 = 长 $L1+L2$ － 外皮差值
   = 1825＋240 － 2.931d
   ≈ 2006mm

计算结果如图 9－14 所示。图中给出了各类筋的下料长度及各类钢筋数量。

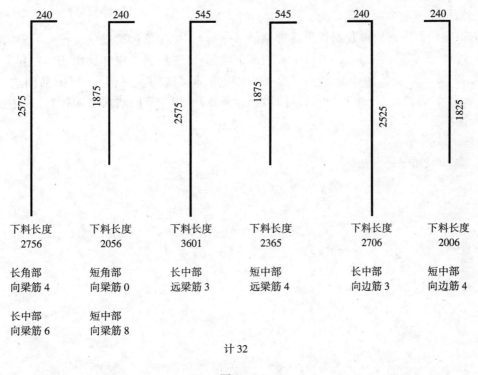

计 32

图 9－14

第四节　角柱顶筋的加工和下料尺寸计算

一、角柱顶筋的类别和数量

表 9－3 给出了角柱截面的各种加工类形钢筋数量的计算。

角柱顶筋类别及其数量表　　　　　表9-3

	长角部远梁筋（一排）	短角部远梁筋（一排）	长中部远梁筋（一排）	短中部远梁筋（一排）	短中部远梁筋（二排）	长中部远梁筋（二排）	短角部远梁筋（二排）	长角部远梁筋（二排）	长角部向边筋（三排）	短中部向边筋（三排）	长中部向边筋（三排）	短角部向边筋（三排）	短中部向边筋（四排）	长中部向边筋（四排）
i 为偶数 j 为偶数	1	1	$\frac{j}{2}-1$	$\frac{j}{2}-1$	$\frac{i}{2}-1$	$\frac{i}{2}-1$	1	0	1	$\frac{j}{2}-1$	$\frac{j}{2}-1$	0	$\frac{i}{2}-1$	$\frac{i}{2}-1$
i 为偶数 j 为奇数	2	0	$\frac{j}{2}-\frac{3}{2}$	$\frac{j}{2}-\frac{1}{2}$	$\frac{i}{2}-1$	$\frac{i}{2}-1$	1	0	0	$\frac{j}{2}-\frac{3}{2}$	$\frac{j}{2}-\frac{1}{2}$	1	$\frac{i}{2}-1$	$\frac{i}{2}-1$
i 为奇数 j 为偶数	1	1	$\frac{j}{2}-1$	$\frac{j}{2}-1$	$\frac{i}{2}-\frac{1}{2}$	$\frac{i}{2}-\frac{3}{2}$	0	1	0	$\frac{j}{2}-1$	$\frac{j}{2}-1$	1	$\frac{i}{2}-\frac{3}{2}$	$\frac{i}{2}-\frac{1}{2}$
i 为奇数 j 为奇数	2	0	$\frac{j}{2}-\frac{3}{2}$	$\frac{j}{2}-\frac{1}{2}$	$\frac{i}{2}-\frac{1}{2}$	$\frac{i}{2}-\frac{3}{2}$	0	1	1	$\frac{j}{2}-\frac{1}{2}$	$\frac{j}{2}-\frac{3}{2}$	0	$\frac{i}{2}-\frac{1}{2}$	$\frac{i}{2}-\frac{3}{2}$

【例9-9】

已知角柱截面中钢筋分布为：$i=8$；$j=8$。

求角柱截面中钢筋根数及长角部远梁筋（一排）、短角部远梁筋（一排）、长中部远梁筋（一排）、短中部远梁筋（一排）、短中部远梁筋（二排）、长中部远梁筋（二排）、短角部远梁筋（二排）、长角部远梁筋（二排）、长角部向边筋（三排）、短中部向边筋（三排）、长中部向边筋（三排）、短角部向边筋（三排）、短中部向边筋（四排）、长中部向边筋（四排）各为多少？

解：

1. 角柱截面中钢筋根数
$$=2\times(i+j)-4$$
$$=2\times(8+8)-4$$
$$=28$$

2. 长角部远梁筋（一排）=1

3. 短角部远梁筋（一排）=1

4. 长中部远梁筋（一排）$=j/2-1$
$$=3$$

5. 短中部远梁筋（一排）$=j/2-1$
$$=3$$

6. 短中部远梁筋（二排）$=i/2-1$
$$=3$$

7. 长中部远梁筋（二排）$=i/2-1$
$$=3$$

8. 短角部远梁筋（二排）=1

9. 长角部远梁筋（二排）=0

10. 长角部向边筋（三排）=1

11. 短中部向边筋（三排）$=j/2-1$
$$=3$$

12. 长中部向边筋（三排）$=j/2-1$

$=3$
13. 短角部向边筋（三排）$=0$
14. 短中部向边筋（四排）$=i/2-1$
    $=3$
15. 长中部向边筋（四排）$=i/2-1$
    $=3$

验算：

长角部远梁筋（一排）＋短角部远梁筋（一排）＋长中部远梁筋（一排）＋短中部远梁筋（一排）＋短中部远梁筋（二排）＋长中部远梁筋（二排）＋短角部远梁筋（二排）＋长角部远梁筋（二排）＋长角部向边筋（三排）＋短中部向边筋（三排）＋长中部向边筋（三排）＋短角部向边筋（三排）＋短中部向边筋（四排）＋长中部向边筋（四排）
$=1+1+3+3+3+3+1+0+1+3+3+0+3+3$
$=28$

正确无误。

【例 9－10】

已知角柱截面中钢筋分布为：$i=8$；$j=9$。

求角柱截面中钢筋根数及长角部远梁筋（一排）、短角部远梁筋（一排）、长中部远梁筋（一排）、短中部远梁筋（一排）、短中部远梁筋（二排）、长中部远梁筋（二排）、短角部远梁筋（二排）、长角部远梁筋（二排）、长角部向边筋（三排）、短中部向边筋（三排）、长中部向边筋（三排）、短角部向边筋（三排）、短中部向边筋（四排）、长中部向边筋（四排）各为多少？

解：

1. 角柱截面中钢筋根数
   $=2\times(i+j)-4$
   $=2\times(8+9)-4$
   $=30$
2. 长角部远梁筋（一排）$=2$
3. 短角部远梁筋（一排）$=0$
4. 长中部远梁筋（一排）$=j/2-3/2$
   $=3$
5. 短中部远梁筋（一排）$=j/2-1/2$
   $=4$
6. 短中部远梁筋（二排）$=i/2-1$
   $=3$
7. 长中部远梁筋（二排）$=i/2-1$
   $=3$
8. 短角部远梁筋（二排）$=1$
9. 长角部远梁筋（二排）$=0$
10. 长角部向边筋（三排）$=0$

11. 短中部向边筋（三排）$=j/2-3/2$
    $=3$
12. 长中部向边筋（三排）$=j/2-1/2$
    $=4$
13. 短角部向边筋（三排）$=1$
14. 短中部向边筋（四排）$=i/2-1$
    $=3$
15. 长中部向边筋（四排）$=i/2-1$
    $=3$

验算：

长角部远梁筋（一排）＋短角部远梁筋（一排）＋长中部远梁筋（一排）＋短中部远梁筋（一排）＋短中部远梁筋（二排）＋长中部远梁筋（二排）＋短角部远梁筋（二排）＋长角部远梁筋（二排）＋长角部向边筋（三排）＋短中部向边筋（三排）＋长中部向边筋（三排）＋短角部向边筋（三排）＋短中部向边筋（四排）＋长中部向边筋（四排）
$=2+0+3+4+3+3+1+0+0+3+4+1+3+3$
$=30$

正确无误。

【例 9－11】

已知角柱截面中钢筋分布为：$i=9$；$j=8$。

求角柱截面中钢筋根数及长角部远梁筋（一排）、短角部远梁筋（一排）、长中部远梁筋（一排）、短中部远梁筋（一排）、短中部远梁筋（二排）、长中部远梁筋（二排）、短角部远梁筋（二排）、长角部远梁筋（二排）、长角部向边筋（三排）、短中部向边筋（三排）、长中部向边筋（三排）、短角部向边筋（三排）、短中部向边筋（四排）、长中部向边筋（四排）各为多少？

解：

1. 角柱截面中钢筋根数
    $=2\times(i+j)-4$
    $=2\times(9+8)-4$
    $=30$
2. 长角部远梁筋（一排）$=1$
3. 短角部远梁筋（一排）$=1$
4. 长中部远梁筋（一排）$=j/2-1$
    $=3$
5. 短中部远梁筋（一排）$=j/2-1$
    $=3$
6. 短中部远梁筋（二排）$=i/2-1/2$
    $=4$
7. 长中部远梁筋（二排）$=i/2-3/2$
    $=3$

8. 短角部远梁筋（二排）＝0
9. 长角部远梁筋（二排）＝1
10. 长角部向边筋（三排）＝0
11. 短中部向边筋（三排）＝$j/2-1$
    ＝3
12. 长中部向边筋（三排）＝$j/2-1$
    ＝3
13. 短角部向边筋（三排）＝1
14. 短中部向边筋（四排）＝$i/2-3/2$
    ＝3
15. 长中部向边筋（四排）＝$i/2-1/2$
    ＝4

验算：

长角部远梁筋（一排）＋短角部远梁筋（一排）＋长中部远梁筋（一排）＋短中部远梁筋（一排）＋短中部远梁筋（二排）＋长中部远梁筋（二排）＋短角部远梁筋（二排）＋长角部远梁筋（二排）＋长角部向边筋（三排）＋短中部向边筋（三排）＋长中部向边筋（三排）＋短角部向边筋（三排）＋短中部向边筋（四排）＋长中部向边筋（四排）
＝1+1+3+3+4+3+0+1+0+3+3+1+3+4
＝30

正确无误。

【例 9－12】

已知角柱截面中钢筋分布为：$i=9$；$j=9$。

求角柱截面中钢筋根数及长角部远梁筋（一排）、短角部远梁筋（一排）、长中部远梁筋（一排）、短中部远梁筋（一排）、短中部远梁筋（二排）、长中部远梁筋（二排）、短角部远梁筋（二排）、长角部远梁筋（二排）、长角部向边筋（三排）、短中部向边筋（三排）、长中部向边筋（三排）、短角部向边筋（三排）、短中部向边筋（四排）、长中部向边筋（四排）各为多少？

解：

1. 角柱截面中钢筋根数
   ＝$2\times(i+j)-4$
   ＝$2\times(9+9)-4$
   ＝32
2. 长角部远梁筋（一排）＝2
3. 短角部远梁筋（一排）＝0
4. 长中部远梁筋（一排）＝$j/2-3/2$
   ＝3
5. 短中部远梁筋（一排）＝$j/2-1/2$
   ＝4
6. 短中部远梁筋（二排）＝$i/2-1/2$

$$=4$$

7. 长中部远梁筋（二排）$=i/2-3/2$
$$=3$$
8. 短角部远梁筋（二排）$=0$
9. 长角部远梁筋（二排）$=1$
10. 长角部向边筋（三排）$=1$
11. 短中部向边筋（三排）$=j/2-1/2$
$$=4$$
12. 长中部向边筋（三排）$=j/2-3/2$
$$=3$$
13. 短角部向边筋（三排）$=0$
14. 短中部向边筋（四排）$=i/2-1/2$
$$=4$$
15. 长中部向边筋（四排）$=i/2-3/2$
$$=3$$

验算：

长角部远梁筋（一排）＋短角部远梁筋（一排）＋长中部远梁筋（一排）＋短中部远梁筋（一排）＋短中部远梁筋（二排）＋长中部远梁筋（二排）＋短角部远梁筋（二排）＋长角部远梁筋（二排）＋长角部向边筋（三排）＋短中部向边筋（三排）＋长中部向边筋（三排）＋短角部向边筋（三排）＋短中部向边筋（四排）＋长中部向边筋（四排）

$=2+0+3+4+4+3+0+1+1+4+3+0+4+3$

$=32$

正确无误。

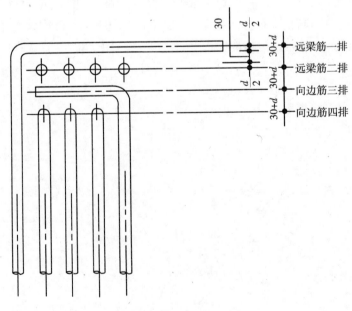

图 9—15

二、角柱顶筋计算

角柱顶筋中没有向梁筋。角柱顶筋中的远梁筋一排，可以利用边柱远梁筋的公式来计算。

角柱顶筋中的弯筋，分为四层，因而，二、三、四排筋要分别缩短，参看图 9-15。
角柱顶筋中的远梁筋二排计算公式，见图 9-16。
角柱顶筋中的向边筋三、四排计算公式，见图 9-17 和图 9-18。

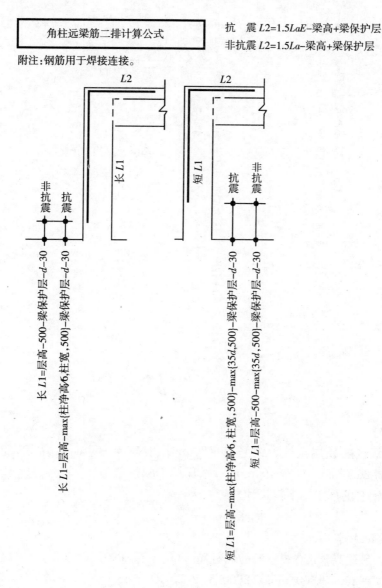

图 9-16

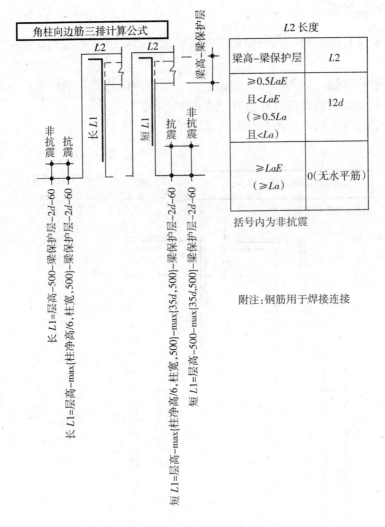

图 9—17

【例 9—13】

已知：二级抗震顶层角柱，钢筋 $d=20$mm；混凝土 C30；梁高 500mm；梁保护层 25mm；柱净高 2600mm；柱宽 400mm。$i=9$；$j=9$。

求：各种钢筋的加工、下料尺寸。

解：

1. 长远梁筋一排

(1) 长 $L1$ = 层高 − max{柱净高/6, 柱宽, 500} − 梁保护层

　　　= 2600 + 500 − max{2600/6, 400, 500} − 25

　　　= 3100 − 500 − 25

　　　= 2575mm

(2) $L2 = 1.5L_{aE}$ − 梁高 + 梁保护层

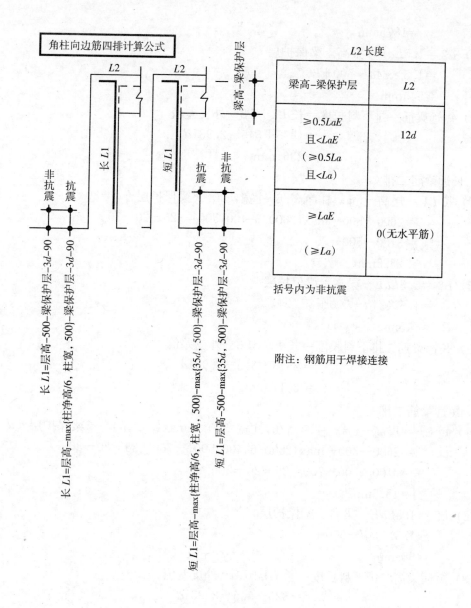

图 9-18

$$=1.5 \times 34d - 500 + 25$$
$$=545 \mathrm{mm}$$

(3) 长远梁筋一排下料长度＝长 $L1$ ＋ $L2$ －外皮差值
$$=2575 + 545 - 2.931d$$
$$\approx 3061 \mathrm{mm}$$

2. 短远梁筋一排

(1) 短 $L1$ ＝层高－max{柱净高/6,柱宽,500}－max{$35d$,500}－梁保护层
$$=2600 + 500 - \max\{2600/6, 400, 500\} - 700 - 25$$
$$=3100 - 500 - 700 - 25$$

$\quad =1875\text{mm}$

(2) $L2=1.5L_aE-梁高+梁保护层$

$\quad =1.5\times 34d-500+25$

$\quad =545\text{mm}$

(3) 短远梁筋一排下料长度 $=长\ L1+L2-外皮差值$

$\quad =1875+545-2.931d$

$\quad \approx 2361\text{mm}$

3. 长远梁筋二排

(1) 长 $L1=层高-\max\{柱净高/6,柱宽,500\}-梁保护层-d-30$

$\quad =2600+500-\max\{2600/6,400,500\}-25-20-30$

$\quad =3100-500-75$

$\quad =2525\text{mm}$

(2) $L2=1.5L_aE-梁高+梁保护层$

$\quad =1.5\times 34d-500+25$

$\quad =545\text{mm}$

(3) 长远梁筋二排下料长度 $=长\ L1+L2-外皮差值$

$\quad =2525+545-2.931d$

$\quad \approx 3011\text{mm}$

4. 短远梁筋二排

(1) 短 $L1=层高-\max\{柱净高/6,柱宽,500\}-\max\{35d,500\}-梁保护层-d-30$

$\quad =2600+500-\max\{2600/6,400,500\}-700-25-20-30$

$\quad =3100-500-700-25-20-30$

$\quad =1825\text{mm}$

(2) $L2=1.5L_aE-梁高+梁保护层$

$\quad =1.5\times 34d-500+25$

$\quad =545\text{mm}$

(3) 短远梁筋二排下料长度 $=长\ L1+L2-外皮差值$

$\quad =1825+545-2.931d$

$\quad \approx 2311\text{mm}$

5. 长向边筋三排

(1) 长 $L1=层高-\max\{柱净高/6,柱宽,500\}-梁保护层-2d-60$

$\quad =2600+500-\max\{2600/6,400,500\}-25-40-60$

$\quad =3100-500-25-40-60$

$\quad =2475\text{mm}$

(2) $L2=12d$

$\quad =240\text{mm}$

(3) 长远梁筋三排下料长度 $=长\ L1+L2-外皮差值$

$\quad =2475+240-2.931d$

$\quad \approx 2656\text{mm}$

6. 短向边筋三排

(1) 短 $L1 =$ 层高 $-$ max{柱净高/6,柱宽,500} $-$ max{35d,500} $-$ 梁保护层 $-2d-60$
    $= 2600+500-$max{2600/6,400,500}$-700-25-2d-60$
    $= 3100-500-700-25-40-60$
    $= 1775$ mm

(2) $L2 = 12d$
    $= 240$ mm

(3) 短远梁筋三排下料长度 $=$ 长 $L1+L2-$外皮差值
    $= 1775+240-2.931d$
    ≈ 1956 mm

7. 长向边筋四排

(1) 长 $L1 =$ 层高 $-$ max{柱净高/6,柱宽,500} $-$ 梁保护层 $-3d-90$
    $= 2600+500-$max{2600/6,400,500}$-25-60-90$
    $= 3100-500-25-60-90$
    $= 2425$ mm

(2) $L2 = 12d$
    $= 240$ mm

(3) 长远梁筋四排下料长度 $=$ 长 $L1+L2-$外皮差值
    $= 2425+240-2.931d$
    ≈ 2606 mm

8. 短向边筋四排

(1) 短 $L1 =$ 层高 $-$ max{柱净高/6,柱宽,500} $-$ max{35d,500} $-$ 梁保护层 $-3d-90$
    $= 2600+500-$max{2600/6,400,500}$-700-25-3d-90$
    $= 3100-500-700-25-60-90$
    $= 1725$ mm

(2) $L2 = 12d$
    $= 240$ mm

(3) 短远梁筋四排下料长度 $=$ 长 $L1+L2-$外皮差值
    $= 1725+240-2.931d$
    ≈ 1906 mm

各类钢筋的下料长度及根数的计算结果参看图 9-19。

由于前面讲的钢筋连接是对接焊,所以中层筋和底层筋的长度,都等于层高。底层筋是和基础梁中伸出的钢筋相连接。

练 习 九

1. 框架柱是怎样分类的?共分几类?
2. 中柱的顶筋,都弯向哪个方向?
3. 边柱的顶筋,都弯向哪个方向?

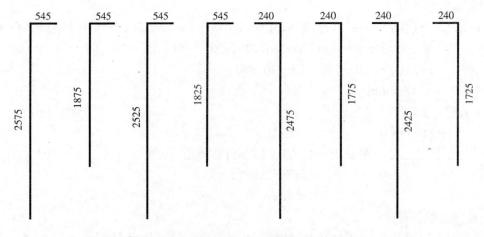

图 9—19

4. 角柱的顶筋，都弯向哪个方向？
5. 长角部向梁筋与长中部向梁筋，有何不同？
6. 当 i 为 14，j 为 15 时，中柱顶筋的长中部向梁筋，共有几根？
7. 当 i 为 15，j 为 15 时，中柱顶筋的短中部向梁筋，共有几根？
8. 当柱的 i 为 12，j 为 12 时，柱共有几根钢筋？
9. 当边柱的 i 为 14，j 为 14 时，边柱共有几根钢筋？
10. 当边柱的 i 为 14，j 为 14 时，边柱的长中部远梁筋，共有几根？
11. 当边柱的 i 为 14，j 为 14 时，边柱的短中部向边筋，共有几根？
12. 当角柱的 i 为 14，j 为 14 时，角柱共有几种类形钢筋？每一种各有几根？
13. 已知：三级抗震顶层角柱，钢筋 $d=22$mm；混凝土 C30；梁高 500mm；梁保护层 25mm；柱净高 2800mm；柱宽 500mm。$i=11$；$j=11$。

求：各种钢筋的加工、下料尺寸。

第十章 剪力墙中的分布筋计算

第一节 剪力墙中的箍筋概念

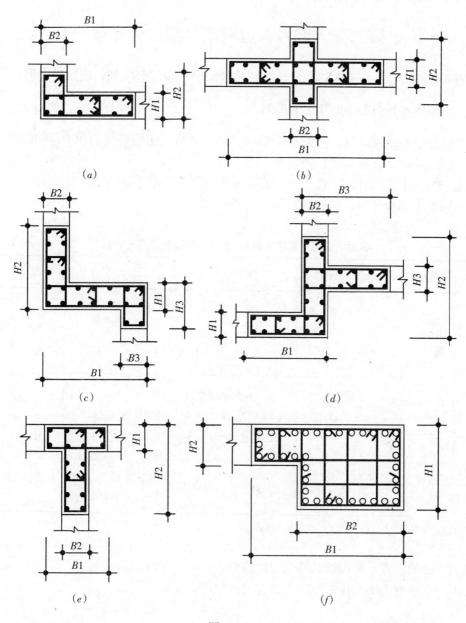

图 10-1

在剪力墙中，根据结构或构造上的需要，加设箍筋，成为暗柱，参看图 10—1。

如果在墙的尽端，厚度加宽，添加纵筋加设箍筋，这就是端柱，如图 10—1 (f)。在外表形式上，是墙的一部分，看不出有什么区别。虽然暗柱箍和端柱箍，与柱箍在型式上有点不同，但是，仍可以利用柱箍的计算方法来计算暗柱箍和端柱箍。以图 10—1 (a) 为例，其尺寸 $H1$ 和 $B1$，就可以看做是矩形截面柱模板尺寸高和宽。就把 $H1$ 和 $B1$ 当做柱中的 H 和 B，按照计算柱箍的方法去计算就可以了。

至于端柱，也是一样，参看图 10—1 (f)。$H1$、$H2$、$B1$ 和 $B2$ 的情况，与图 10—1 (a) 一样，也是那样计算。剩下的问题，就是端柱中的局部箍筋计算了。它和前面讲过的柱中箍筋计算是一样的，知道 Pb 和 Qb 或 Ph 和 Qh 就可以计算了。

第二节 剪力墙边墙墙身竖向分布筋

剪力墙边墙墙身竖向分布筋，分为：顶层竖向筋；中层竖向筋；底层竖向筋。

一、边墙墙身外侧和中墙顶层竖向筋

由于长、短筋交替放置，所以有长 $L1$ 和短 $L1$ 之分。边墙外侧筋和中墙筋的计算方法相同，它们的共同的计算公式，列在表 10—1 中。

从表 10—1 中可以看出，长 $L1$ 和短 $L1$ 是随着抗震等级、连接方法、直径大小和钢筋级别的不同而不同。但是，它们的 $L2$ 却都是相同的。

剪力墙边墙（贴墙外侧）、中墙墙身顶层竖向分布筋　　　　　　　表 10—1

抗震等级	连接方法	d (mm)	钢筋级别	长 $L1$	短 $L1$	钩	$L2$
一、二	搭接	≤28	Ⅱ、Ⅲ	层高—保护层	层高—1.3LlE—保护层		LaE—顶板厚+保护层
			Ⅰ	层高—保护层+5d 直钩	层高—1.3LlE—保护层+5d 直钩	5d	
三、四、非	搭接	≤28	Ⅱ、Ⅲ	层高—保护层	无短 $L1$		
			Ⅰ	层高—保护层+5d 直钩		5d	
一、二三、四、非	机械连接	>28	Ⅰ、Ⅱ、Ⅲ	层高—500—保护层	层高—500—35d—保护层		

搭接且为Ⅰ级钢筋的长 $L1$、短 $L1$，均有为直角的"钩"。

图 10—2 的左方，是边墙的外侧顶层筋图，右方是中墙的顶层筋图。

表 10—1 中有 LlE，在表 10—2 中有它的使用数据。

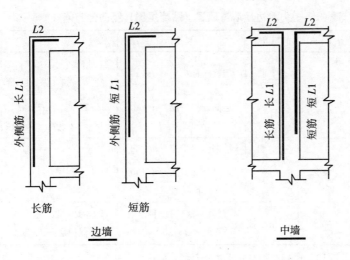

图 10-2

搭接长度 LlE (Ll) 表 10-2

同一截面搭接百分率%	LlE (Ll)
≤25	$1.2LaE$ (La)
50	$1.4LaE$ (La)
100	$1.6LaE$ (La)

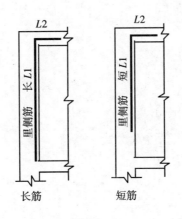

图 10-3

图 10-3 是边墙中的顶层里侧筋,是和图 10-1 中的顶层外侧筋相对应的。也就是说,它们是一起的。表 10-3 就是它的计算公式。

剪力墙边墙墙身顶层（贴墙里侧）竖向分布筋　　　　　表 10-3

抗震等级	连接方法	d (mm)	钢筋级别	长 $L1$	短 $L1$	钩	$L2$
一、二	搭接	≤28	Ⅱ、Ⅲ	层高－保护层－d－30	层高－1.3LlE－d－30－保护层		LaE－顶板厚＋保护层＋d＋30
一、二	搭接	≤28	Ⅰ	层高－保护层－d－30＋5d 直钩	层高－1.3LlE－d－30＋5d 直钩－保护层	5d	
三、四、非	搭接	≤28	Ⅱ、Ⅲ	层高－保护层－d－30	无短 $L1$		
三、四、非	搭接	≤28	Ⅰ	层高－保护层－d－30＋5d 直钩	无短 $L1$	5d	
一、二、三、四、非	机械连接	>28	Ⅰ、Ⅱ、Ⅲ	层高－500－保护层－d－30	层高－500－35d－保护层－d－30		

搭接且为Ⅰ级钢筋的长 $L1$、短 $L1$，均有为直角的"钩"。

【例 10-1】

已知：四级抗震剪力墙边墙身顶层竖向分布筋，钢筋规格为 $\phi20$（即 HPB235 级钢筋，直径为 20mm），混凝土 C30，搭接连接，层高 3.3m、板厚 150mm 和保护层厚度 15mm。

求：剪力墙边墙身顶层竖向分布筋（外侧筋和里侧筋）——长 $L1$、$L2$ 的加工尺寸和下料尺寸。

解：

1. 外侧筋

　　长 $L1$ ＝层高－保护层

　　　　　＝3300－15

　　　　　＝3285mm

　　$L2$ ＝LaE－顶板厚＋保护层

　　　　＝24d－150＋15

　　　　＝345mm

　　钩＝5d

　　　　＝100mm

　　下料长度＝3285＋345＋100－1.751d

　　　　　　≈3285＋345＋100－35

　　　　　　≈3695mm

2. 里侧筋

　　长 $L1$ ＝3300－15－d－30

　　　　　＝3235mm

　　$L2$ ＝LaE－顶板厚＋保护层＋d＋30

　　　　＝24d－150＋15＋20＋30

　　　　＝395mm

　　钩＝5d

　　　　＝100mm

下料长度＝3235＋395＋100－1.751d
　　　　≈3235＋395＋100－35
　　　　≈3695mm

计算结果参看图 10－4。

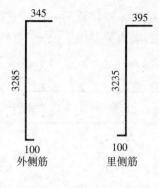

图 10－4

【例 10－2】

已知：二级抗震剪力墙中墙墙身顶层竖向分布筋，钢筋规格为 $d=32$mm（HRB335 级钢筋），混凝土 C35，机械连接，层高 3.3m，顶板厚 150mm 和保护层厚度 15mm。

求：剪力墙中墙墙身顶层竖向分布筋——长 $L1$、$L2$ 的加工尺寸和下料尺寸。

解：

1. 长 $L1$

　　长 $L1$＝层高－500－保护层
　　　　＝3300－500－15
　　　　＝2785mm

2. 短 $L1$

　　短 $L1$＝层高－500－35d－保护层
　　　　＝3300－500－1120－15
　　　　＝1665mm

3. $L2$

　　$L2$＝LaE－顶板厚＋保护层
　　　　＝34d－150＋15
　　　　＝1068－150＋15
　　　　＝953mm

4. 下料尺寸

　　长筋下料尺寸＝长 $L1$＋$L2$－外皮差值
　　　　　　　　＝2785＋953－1.751d
　　　　　　　　≈2785＋953－56
　　　　　　　　≈3655mm

　　短筋下料尺寸＝短 $L1$＋$L2$－外皮差值
　　　　　　　　≈1665＋953－1.751d
　　　　　　　　≈1665＋953－56
　　　　　　　　≈2562mm

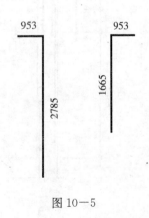

图 10－5

计算结果参看图 10－5。

二、边墙和中墙的中、底层竖向筋

表 10－4 中列出了边墙和中墙的中、底层竖向筋的计算方法。图 10－6 是表 10－4 的图解说明。在连接方法中，机械连接不需要搭接，所以，中、底层竖向筋的长度，就等于

层高。搭接就不一样,它需要一样搭接长度 LlE。但是,如果搭接的钢筋是Ⅰ级钢筋,它的端头需要加工成 90°弯钩,钩长 $5d$。注意,机械连接适用于钢筋直径大于 28mm。

剪力墙边墙和中墙墙身的中、底层竖向筋　　　　表 10—4

抗震等级	连接方法	d（mm）	钢筋级别	钩	$L1$
一、二	搭接	≤28	Ⅱ、Ⅲ		层高+LlE
			Ⅰ	$5d$（直钩）	层高+LlE
三、四、非	搭接	≤28	Ⅱ、Ⅲ		层高+LlE
			Ⅰ	$5d$（直钩）	层高+LlE
一、二、三、四、非	机械连接	>28	Ⅰ、Ⅱ、Ⅲ		层高

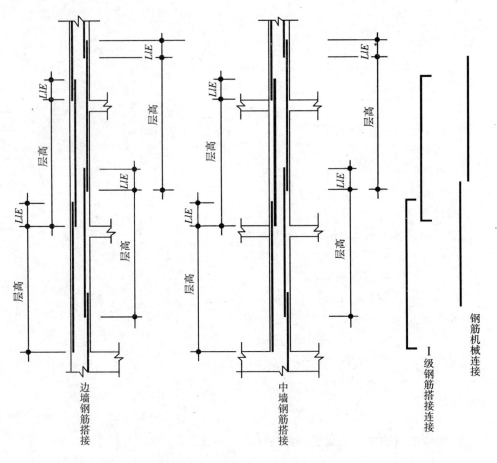

图 10—6

【例 10—3】

已知：二级抗震剪力墙中墙身中、底层竖向分布筋，钢筋规格为 $d=20mm$（HRB335级钢筋），混凝土 C30，搭接连接，层高 3.3m 和搭接连度 $LaE=34d$。

求：剪力墙中的墙身中、底层竖向分布筋——$L1$。

解：

$L1=$ 层高 $+LlE$

$\quad=$ 层高 $+1.2\times LaE$

$\quad=3300+1.2\times 34d$

$\quad=3300+1.2\times 680$

$\quad=4116mm$

【例 10—4】

已知：二级抗震剪力墙中墙身中、底层竖向分布筋，钢筋规格为 $d=20mm$（HPB235级钢筋），混凝土 C30，搭接连接，层高 3.3m 和搭接长度 $LaE=27d$。

求：剪力墙中的墙身中、底层竖向分布筋——$L1$、钩的加工尺寸和下料尺寸。

解：

1. $L1=$ 层高 $+LlE$

$\quad=3300+1.2\times LaE$

$\quad=3300+1.2\times 27d$

$\quad=3300+1.2\times 540$

$\quad=3948mm$

2. 钩 $=5d$

$\quad=5\times 20$

$\quad=100mm$

3. 下料长度 $=L1+2\times$ 钩 $-2\times$ 外皮差值

$\quad=3948+2\times 5d-2\times 1.751d$

$\quad\approx 3948+2\times 5\times 20-2\times 35$

$\quad\approx 4078mm$

计算结果参看图 10—7。

图 10—7

第三节 剪力墙暗柱竖向筋

一、暗柱的顶层竖向筋

暗柱的顶层竖向筋从图示到计算，基本上与墙身的顶层竖向筋相同。从表 10—5 中就可以看得出来，唯独"钩"有所不同。其连接方法为搭接，且钢筋又是Ⅰ级，"钩"为 180°的弯钩。表 10—5 中"部位栏"，虽然是指边墙部位暗柱，但是，遇到中墙部位暗柱，可以参照"墙外侧"计算。

剪力墙暗柱顶层竖向筋　　　　　表10—5

部位	连接方法	d(mm)	钢筋级别	长L1	短L1	钩	L2
墙外侧	搭接	≤28	HRB335、HRB400	层高－保护层	层高－保护层－1.3L_lE		L_aE－顶板厚＋保护层
			HPB235	层高－保护层	层高－保护层－1.3L_lE	6.25d	
墙里侧	搭接	≤28	HRB335、HRB400	层高－保护层－d－30	层高－保护层－1.3L_lE－d－30		L_aE－顶板厚＋保护层＋d＋30
			HPB235	层高－保护层－d－30	层高－保护层－1.3L_lE－d－30	6.25d	
墙外侧	机械连接	＞28	HRB335、HRB400、HPB235	层高－保护层－500	层高－保护层－500－35d		L_aE－顶板厚＋保护层
墙里侧	机械连接	＞28	HRB335、HRB400、HPB235	层高－保护层－500－d－30	层高－保护层－500－35d－d－30		L_aE－顶板厚＋保护层＋d＋30

搭接且为Ⅰ级钢筋的长L1、短L1，均有为180°弯钩的"钩"。

【例10—5】

已知：二级抗震剪力墙暗柱顶层竖向筋，钢筋规格为$d=20mm$（HPB235钢筋），混凝土C30，搭接连接，层高3.3m，保护层15mm顶板厚150mm和搭接长度$L_aE=27d$。

求：剪力墙暗柱顶层竖向筋——墙里、外侧筋，长L1、短L1、L钩和L2的加工尺寸和下料尺寸。

解：

1. 墙外侧筋

①墙外侧长L1

长L1＝层高－保护层
　　＝3300－15
　　＝3285mm

②墙外侧短L1

短L1＝层高－保护层－1.3L_lE
　　＝3300－15－1.3×1.2L_aE
　　＝3300－15－1.3×1.2×27d
　　≈2443mm

③钩

钩＝6.25d
　＝6.25×20
　＝125mm

④L2

L2＝L_aE－顶板厚＋保护层
　＝27d－150＋15
　＝540－150＋15
　＝405mm

⑤墙外侧长筋下料长度

墙外侧长筋下料长度＝长 $L1+L2+L$ 钩－外皮差值
$$=3285+405+6.25d-1.751d$$
$$\approx 3690+125-35$$
$$\approx 3780\text{mm}$$

⑥墙外侧短筋下料长度

墙外侧短筋下料长度＝短 $L1+L2+L$ 钩－外皮差值
$$=2443+405+6.25d-1.751d$$
$$=2443+405+125-35$$
$$=2938\text{mm}$$

2. 墙里侧筋

①墙里侧长 $L1$

长 $L1$ ＝层高－保护层－d－30
$$=3300-15-20-30$$
$$=3235\text{mm}$$

②墙里侧短 $L1$

短 $L1$ ＝层高－保护层－$1.3LlE-d-30$
$$=3300-15-1.3\times 1.2LaE-20-30$$
$$=3300-15-1.3\times 1.2\times 27d-20-30$$
$$=3300-15-842-50$$
$$\approx 2393\text{mm}$$

③钩

钩＝$6.25d$
$$=6.25\times 20$$
$$=125\text{mm}$$

④$L2$

$L2=LaE$－顶板厚＋保护层＋d＋30
$$=27d-150+15+d+30$$
$$=540-150+15+20+30$$
$$=455\text{mm}$$

⑤墙里侧长筋下料长度

墙里侧长筋下料长度＝长 $L1+L2+L$ 钩－外皮差值
$$=3235+455+6.25d-1.751d$$
$$\approx 3690+125-35$$
$$\approx 3780\text{mm}$$

⑥墙里侧短筋下料长度

墙里侧短筋下料长度＝短 $L1+L2+L$ 钩－外皮差值
$$=2393+455+6.25d-1.751d$$
$$=2393+455+125-35$$
$$=2938\text{mm}$$

计算结果参看图 10-8。

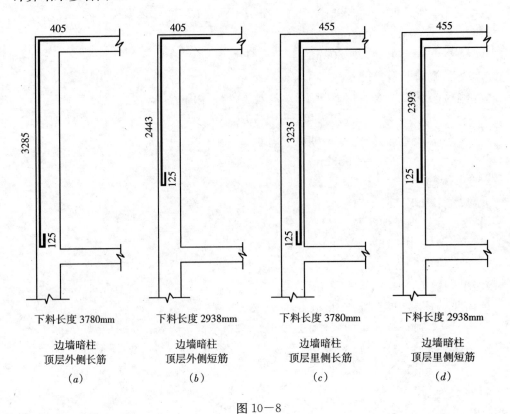

图 10-8

二、暗柱的中、底层竖向筋

暗柱的中、底层竖向筋的计算方法，在表 10-6 中已有交代。至于端柱，可参照框架柱处理。暗柱的中、底竖向筋的计算方法与墙身的计算方法类似，兹不再赘述。

剪力墙暗柱的中、底层竖向筋　　　　　　表 10-6

部位	连接方法	d (mm)	钢筋级别	钩	L_1
暗柱	搭接	≤28	HRB335、HRB400		层高+LlE
			HPB235	$6.25d$（180°弯钩）	层高+LlE
	机械连接	>28	HPB235、HRB335、HRB400		层高

第四节　连　梁

一、墙端部洞口连梁

图 10-9 是在墙的端部，和剪力墙浇筑成一体的门窗钢筋过梁，称为"连梁"。位于墙顶的，叫做墙顶连梁。

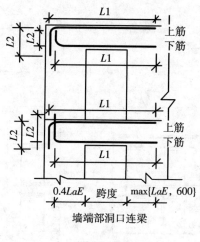

墙端部洞口连梁

图 10-9

端部洞口连梁钢筋计算 表 10-7

钢筋部位	$L1$ mm	$L2$ mm	下料长度 mm
上筋、下筋	$\max\{LaE,600\}+$跨度$+0.4LaE$	$15d$	$L1+L2-$外皮差值

表 10-7 中 $L1$ 的计算公式，只有一个，但是，由于抗震等级的区别，LaE 值是不同的。

【例 10-6】

已知：二级抗震墙端部洞口连梁，钢筋规格为 $d=20$mm（HRB335 级钢筋），混凝土 C30，跨度 1100mm，$LaE=34d$。

求：剪力墙墙端部洞口连梁钢筋（上筋和下筋计算方法相同），计算 $L1$ 和 $L2$ 的加工尺寸和下料尺寸。

解：

$L1 = \max\{LaE,600\}+$跨度$+0.4LaE$

$\quad = \max\{34d,600\}+1100+0.4\times 34d$

$\quad = \max\{34\times 20,600\}+1100+0.4\times 34\times 20$

$\quad = 2052$mm

$L2 = 15d$

$\quad = 300$mm

下料长度 $= L1+L2-$外皮差值

$\qquad = 2052+300-2.931d$

$\qquad \approx 2052-59$

$\qquad \approx 2293$mm

二、单、双洞口连梁

图 10-10 系剪力墙中的单洞口连梁和双洞口连梁，以及它们的上、下钢筋。

单洞口连梁的钢筋计算公式：

$$单洞\ L1=单洞跨度+2\times\max\{LaE\ 或\ La,600\} \qquad (10-1)$$

双洞口连梁的钢筋计算公式：

$$双洞\ L1=双洞跨度+2\times\max\{LaE\ 或\ La,600\} \qquad (10-2)$$

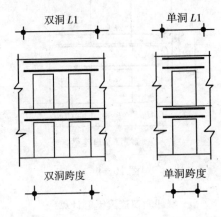

图 10-10

第五节　剪力墙水平分布筋

一、闭合外墙外侧水平分布筋

图 10-11 是闭合外墙的贴近外侧处的水平分布筋图。

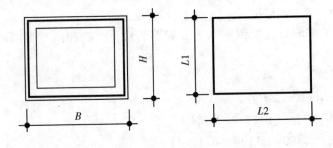

图 10-11

钢筋按对接连接计算，列出公式如下：

$$L1=H-2\ 保护层 \qquad (10-3)$$
$$L2=B-2\ 保护层 \qquad (10-4)$$
$$下料长度=2\times L1+2\times L2-4\times 外皮差值 \qquad (10-5)$$

二、两端为墙的"L"型外墙外侧水平分布筋

图 10-12 是两端为墙的"L"型外墙，且有贴近墙外侧处的水平分布筋图。
钢筋按对接连接计算，列出公式如下：

$$L1=WL1-保护层+0.35LaE\ （或\ 0.35La） \qquad (10-6)$$

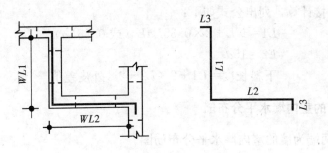

图 10-12

$L2 = WL2 - 保护层 + 0.35L_{aE}$（或 $0.35L_a$）   (10-7)

$L3 = 15d$ (10-8)

下料长度 = $L1 + L2 + 2L3 - 3 \times$ 外皮差值   (10-9)

三、两端为墙的"U"型外墙外侧水平分布筋

图 10-13 是两端为墙的"U"型外墙，且有贴近墙外侧处的水平分布筋图。

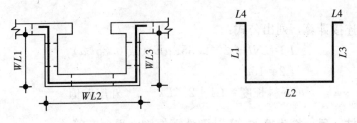

图 10-13

钢筋按对接连接计算，列出公式如下：

$L1 = WL1 - 保护层 + 0.35L_{aE}$（或 $0.35L_a$）   (10-10)

$L2 = WL2 - 2$ 保护层   (10-11)

$L3 = WL3 - 保护层 + 0.35L_{aE}$（或 $0.35L_a$）   (10-12)

$L4 = 15d$ (10-13)

下料长度 = $L1 + L2 + L3 + 2L4 - 4 \times$ 外皮差值   (10-14)

四、两端为墙的外墙内侧水平分布筋

图 10-14 是两端为墙，且贴近墙内侧处的水平分布筋图。

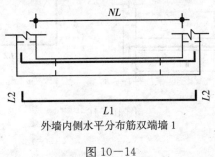

外墙内侧水平分布筋双端墙 1

图 10-14

钢筋按对接连接计算，列出公式如下：

$$L1 = NL + 2 \times 0.35LaE \text{（或 } 0.35La\text{）} \tag{10-15}$$

$$L2 = 15d \tag{10-16}$$

$$下料长度 = L1 + 2 \times L2 - 2 \times 外皮差值 \tag{10-17}$$

五、两端为墙的室内墙水平分布筋

图 10-15 是两端为墙的室内墙水平分布筋图。

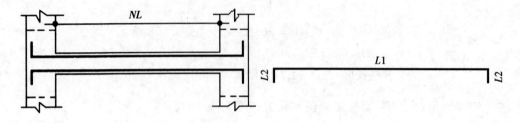

图 10-15

钢筋按对接连接计算，列出公式：

$$L1 = NL + 2 \times 0.35LaE \text{（或 } 0.35La\text{）} \tag{10-18}$$

$$L2 = 15d \tag{10-19}$$

$$下料长度 = L1 + 2 \times L2 - 2 \times 外皮差值 \tag{10-20}$$

六、一端为柱，另一端为墙的"L"型外墙外侧水平分布筋

图 10-16 是一端为柱，另一端为墙的"L"型外墙外侧水平分布筋图。

钢筋按对接连接计算，列出公式：

$$L1 = WL1 - 保护层 + LaE \text{（或 } La\text{）} \tag{10-21}$$

$$L2 = WL2 - 保护层 + 0.35LaE \text{（或 } 0.35La\text{）} \tag{10-22}$$

$$L3 = 15d \tag{10-23}$$

$$下料长度 = L1 + L2 + L3 - 2 \times 外皮差值 \tag{10-24}$$

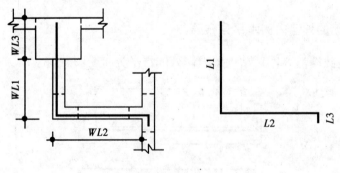

图 10-16

七、一端为柱,另一端为墙的"U"单钩型外墙外侧水平分布筋

图 10—17 是一端为柱,另一端为墙的"U"单钩型外墙外侧水平分布筋图。下面计算方法,只限于 WL4—保护层$\geqslant LaE$(或 La)时使用。

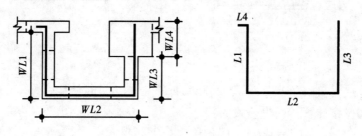

图 10—17

钢筋按对接连接计算,列出公式:

$$L1 = WL1 - 保护层 + 0.35LaE(或 0.35La) \tag{10-25}$$
$$L2 = WL2 - 2保护层 \tag{10-26}$$
$$L3 = WL3 - 保护层 + LaE(或 La) \tag{10-27}$$
$$L4 = 15d \tag{10-28}$$
$$下料长度 = L1 + L2 + L3 - 3×外皮差值 \tag{10-29}$$

八、一端为柱,另一端为墙的"U"双钩型外墙外侧水平分布筋

图 10—18 是一端为柱,另一端为墙的"U"双钩型外墙外侧水平分布筋图。下面计算方法,只限于 WL4—保护层$< LaE$(或 La)时使用。
钢筋按对接连接计算,列出公式:

$$L1 = WL1 - 保护层 + 0.35LaE(或 0.35La) \tag{10-30}$$
$$L2 = WL2 - 2保护层 \tag{10-31}$$
$$L3 = WL3 - 保护层 + 0.4LaE(或 0.4La) \tag{10-32}$$
$$L4 = 15d \tag{10-33}$$
$$下料长度 = L1 + L2 + L3 + 2L4 - 4×外皮差值 \tag{10-34}$$

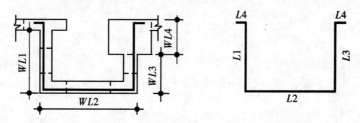

图 10—18

九、两端为柱的"U"无钩型外墙外侧水平分布筋

图 10—19 是两端为柱的"U"无钩型外墙外侧水平分布筋图。

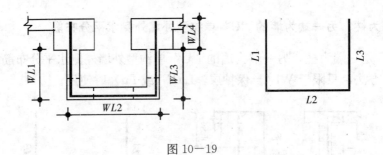

图 10-19

下面计算方法，只限于 $WL4-$ 保护层 $\geqslant LaE$（或 La）时使用。

钢筋按对接连接计算，列出公式为：

$$L1=WL1-保护层+LaE（或 La） \tag{10-35}$$
$$L2=WL2-2 保护层 \tag{10-36}$$
$$L3=WL3-保护层+LaE（或 La） \tag{10-37}$$
$$下料长度=L1+L2+L3-2×外皮差值 \tag{10-38}$$

十、两端为柱的"U"双钩型外墙外侧水平分布筋

图 10-20 是两端为柱的"U"双钩型外墙外侧水平分布筋图。

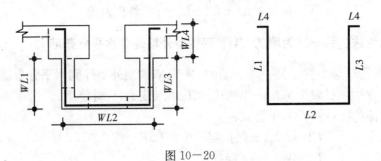

图 10-20

下面的计算方法，只限于 $WL4-$ 保护层 $<LaE$（或 La）时使用。

钢筋按对接连接计算，列出公式为：

$$L1=WL1-保护层+0.4LaE（或 0.4La） \tag{10-39}$$
$$L2=WL2-2 保护层 \tag{10-40}$$
$$L3=WL3-保护层+0.4LaE（或 0.4La） \tag{10-41}$$
$$L4=15d \tag{10-42}$$
$$下料长度=L1+L2+L3+2×L4-4×外皮差值 \tag{10-43}$$

十一、一端为柱，另一端为墙的外墙内侧水平分布筋

图 10-21 是一端为柱，另一端为墙的外墙内侧水平分布筋图。

下面的计算方法，只限于 $ZL-$ 保护层 $\geqslant LaE$（或 La）时使用。

钢筋按对接连接计算，列出公式如下：

$$L1=LaE+NL+0.35LaE（或 0.35La） \tag{10-44}$$

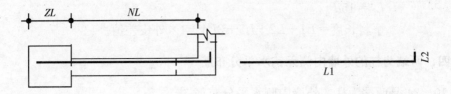

图 10—21

$$L2 = 15d \tag{10-45}$$
$$下料长度 = L1 + L2 - 外皮差值 \tag{10-46}$$

十二、闭合外墙内侧水平分布筋

图 10—22 是闭合外墙内侧水平分布筋图。

钢筋按对接连接计算，列出公式如下：

$$L1 = H - 2墙厚 + 2保护层 + 2d \tag{10-47}$$
$$L2 = B - 2墙厚 + 2保护层 + 2d \tag{10-48}$$
$$下料长度 = 2L1 + 2L2 - 4 \times 外皮差值 \tag{10-49}$$

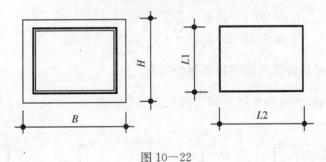

图 10—22

十三、两端为墙的"U"型外墙内侧水平分布筋

图 10—23 是两端为墙的"U"型外墙内侧水平分布筋图。

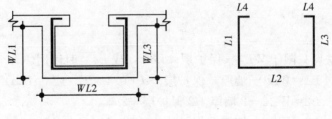

图 10—23

钢筋按对接连接计算，列出公式如下：

$$L1 = WL1 - 墙厚 + 保护层 + d + 0.35L_{aE}（或 0.35L_a） \tag{10-50}$$
$$L2 = WL2 - 2墙厚 + 2保护层 + 2d \tag{10-51}$$
$$L3 = WL3 - 墙厚 + 保护层 + d + 0.35L_{aE}（或 0.35L_a） \tag{10-52}$$

$$L4 = 15d \tag{10-53}$$
$$下料长度 = L1 + L2 + L3 + 2L4 - 4 \times 外皮差值 \tag{10-54}$$

十四、两端为柱的外墙内侧无钩水平分布筋

图 10—24 是两端为柱的外墙内侧水平分布筋图。

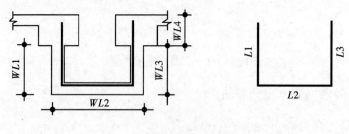

图 10—24

下面计算方法，只限于 $WL4 - 保护层 \geqslant LaE$（或 La）时使用。

$$L1 = WL1 - 墙厚 + 保护层 + d + LaE（或 La） \tag{10-55}$$
$$L2 = WL2 - 2墙厚 + 2保护层 + 2d \tag{10-56}$$
$$L3 = WL3 - 墙厚 + 保护层 + d + LaE（或 La） \tag{10-57}$$
$$下料长度 = L1 + L2 + L3 - 2 \times 外皮差值 \tag{10-58}$$

十五、两端为柱的外墙内侧双钩水平分布筋

图 10—25 是两端为柱的外墙内侧双钩水平分布筋图。

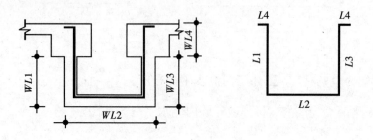

图 10—25

下面计算方法，只限于 $WL4 - 保护层 < LaE$（或 La）时使用。

$$L1 = WL1 - 墙厚 + 保护层 + d + 0.4LaE（或 0.4La） \tag{10-59}$$
$$L2 = WL2 - 2墙厚 + 2保护层 + 2d \tag{10-60}$$
$$L3 = WL3 - 墙厚 + 保护层 + d + 0.4LaE（或 0.4La） \tag{10-61}$$
$$L4 = 15d \tag{10-62}$$
$$下料长度 = L1 + L2 + L3 + 2L4 - 4 \times 外皮差值 \tag{10-63}$$

十六、两端为墙的"L"型外墙内侧双钩水平分布筋

图 10—26 是两端为墙的"L"型外墙内侧双钩水平分布筋图。

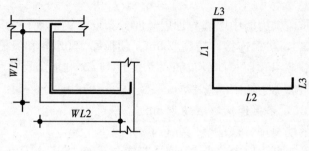

图 10-26

钢筋按对接连接计算，列出公式如下：

$L1=WL1-$ 墙厚 $+$ 保护层 $+d+0.35LaE$（或 $0.35La$） (10-64)

$L2=WL2-$ 墙厚 $+$ 保护层 $+d+0.35LaE$（或 $0.35La$） (10-65)

$L3=15d$ (10-66)

下料长度 $=L1+L2+2L3-3\times$ 外皮差值 (10-67)

十七、一端为柱，另一端为墙的单钩"L"型外墙内侧水平分布筋

图 10-27 是一端为柱，另一端为墙的单钩"L"型外墙内侧水平分布筋图。

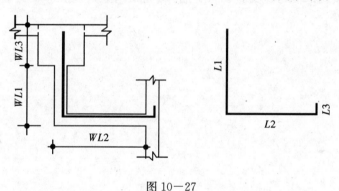

图 10-27

下面计算方法，只限于 $WL3-$ 保护层 $\geqslant LaE$（或 La）时使用。

$L1=WL1-$ 墙厚 $+$ 保护层 $+d+LaE$（或 La） (10-68)

$L2=WL2-$ 墙厚 $+$ 保护层 $+d+0.35LaE$（或 $0.35La$） (10-69)

$L3=15d$ (10-70)

下料长度 $=L1+L2+L3-2\times$ 外皮差值 (10-71)

练 习 十

1. 暗柱中的箍筋，可否按第三章计算箍筋的方法，去计算暗柱中的箍筋？

2. 已知：三级抗震剪力墙边墙身顶层竖向分布筋，钢筋规格为 $d=22$mm（HPB235 级钢筋），混凝土 C30，搭接连接，层高 3.3m、板厚 150mm 和保护层厚度 15mm。

求：剪力墙边墙身顶层竖向分布筋（外侧筋和里侧筋）——长 $L1$、$L2$ 的加工尺寸和下料尺寸。

3. 已知：一级抗震剪力墙中墙墙身顶层竖向分布筋，钢筋规格为 $d=24$mm（HRB335 级钢筋），混凝土 C40，机械连接，层高 3.3m、顶板厚 150mm 和保护层厚度 15mm。

求：剪力墙中墙墙身顶层竖向分布筋——长 $L1$、$L2$ 的加工尺寸和下料尺寸。

4. 已知：三级抗震剪力墙中墙身中、底层竖向分布筋，钢筋规格为 $d=22$mm（HRB335 级钢筋），混凝土 C30，搭接连接，层高 3.3m。

求：剪力墙中的墙身中、底层竖向分布筋——$L1$。

5. 已知：三级抗震剪力墙中墙身中、底层竖向分布筋，钢筋规格为 $d=22$mm（HPB235 级钢筋），混凝土 C30，搭接连接，层高 3.3m。

求：剪力墙中的墙身中、底层竖向分布筋——$L1$、钩的加工尺寸和下料尺寸。

6. 已知：三级抗震剪力墙暗柱顶层竖向筋，钢筋规格为 $d=22$mm（HPB235 级钢筋），混凝土 C30，搭接连接，层高 3.3m，保护层 15mm 顶板厚 150mm。

求：剪力墙暗柱顶层竖向筋——墙里、外侧筋，长 $L1$、短 $L1$、钩和 $L2$ 的加工尺寸和下料尺寸。

7. 已知：一级抗震墙端部洞口连梁，钢筋规格为 $d=22$mm（HRB335 级钢筋），混凝土 C30，跨度 1100mm。

求：剪力墙墙端部洞口连梁钢筋（上筋和下筋计算方法相同），计算 $L1$ 和 $L2$ 的加工尺寸和下料尺寸。

附 录 1

非平法图常用钢筋计算

正文中已经说过，钢筋的弯折角度，是在钢筋原形基础上，经历的角度 $\alpha°$。见附图—1。但是，为了便于施工，通常标注斜线长度和两个直角边的尺寸 $k1$ 和 $k2$。现在需要知道 $\alpha°$ 值是多少？因为这样才能去查"差值"。设 $k1=40$，$k2=50$，求 $\alpha°$ 值。参看附表—1B，用近似直线插入法求：

角度与 $k1/k2/$ ($k3/k4$) 换算表

附表—1A

角 度	$k1/k2/$ ($k3/k4$)
10°	0.176
15°	0.267
20°	0.364
25°	0.466
30°	0.577
35°	0.700
40°	0.839
45°	1.000
50°	1.192
55°	1.428
60°	1.732
65°	2.144
70°	2.747
75°	3.732
80°	5.671
85°	11.43
90°	

箍筋内皮法差值

$R=2.5d$

附表—1B

角 度	内皮法差值
10°	$-0.086d$
15°	$-0.127d$
20°	$-0.166d$
25°	$-0.201d$
30°	$-0.231d$
35°	$-0.256d$
40°	$-0.275d$
45°	$-0.285d$
50°	$-0.287d$
55°	$-0.278d$
60°	$-0.255d$
65°	$-0.218d$
70°	$-0.164d$
75°	$-0.090d$
80°	$0.007d$
85°	$0.131d$
90°	$0.288d$

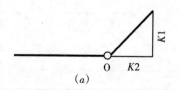
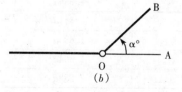

附图—1

$a° = 0.8 \times 40°/0.839$
$\quad = 38.14°$

再设它为Ⅰ级钢筋，查看附表-1D，再用近似直线插入法求"外皮差值"：

外皮差值 $= 38.14° \times 0.416d/40°$
$\qquad\qquad = 0.397d$

再讨论另一种情况。如果遇到附图-2所示的情况时，

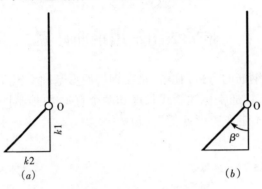

附图-2

$k1/k2 = 1.732$，查看附表-1B，是60°。但60°不是$β°$，它是$k1$边的对角。60°角的余角30°才是$β°$。

箍筋外皮法、HRB400级钢筋差值		HPB235级钢筋外皮法差值	
$R = 2.5d$	附表-1C	$R = 1.25d$	附表-1D
角　度	外皮法差值	角　度	外皮法差值
10°	0.088d	10°	0.088d
15°	0.136d	15°	0.134d
20°	0.187d	20°	0.183d
25°	0.242d	25°	0.234d
30°	0.305d	30°	0.290d
35°	0.375d	35°	0.350d
40°	0.453d	40°	0.416d
45°	0.543d	45°	0.490d
50°	0.646d	50°	0.571d
55°	0.764d	55°	0.663d
60°	0.900d	60°	0.766d
65°	1.056d	65°	0.882d
70°	1.236d	70°	1.013d
75°	1.444d	75°	1.162d
80°	1.685d	80°	1.333d
85°	1.964d	85°	1.527d
90°	2.288d	90°	1.751d

Ⅲ级钢筋系指非框架　　　　　　　　　　Ⅰ级钢筋系指非框架

非框架 HRB335 级钢筋外皮法差值		轻骨料 HPB235 级钢筋外皮法差值	
$R=2d$	附表—1E	$R=1.75d$	附表—1F
角　度	外皮法差值	角　度	外皮法差值
10°	0.089d	10°	0.088d
15°	0.135d	15°	0.135d
20°	0.185d	20°	0.184d
25°	0.239d	25°	0.238d
30°	0.299d	30°	0.296d
35°	0.365d	35°	0.360d
40°	0.439d	40°	0.431d
45°	0.522d	45°	0.511d
50°	0.616d	50°	0.601d
55°	0.724d	55°	0.703d
60°	0.846d	60°	0.819d
65°	0.986d	65°	0.951d
70°	1.147d	70°	1.102d
75°	1.332d	75°	1.275d
80°	1.544d	80°	1.474d
85°	1.789d	85°	1.702d
90°	2.073d	90°	1.966d

非框架 HRB335 级钢筋下料长度计算　　附表—2

$R=2d$　　单位：mm

简　图	计算公式
(L1, L2 形状)	$L1+L2-2.073d$
(L1, L2, L1 形状)	$2×L1+L2-2×2.073d$
(L1, L2, L3 形状)	$L1+L2+L3-2×2.073d$
(L1, K2, L3, K1, L2 形状)	$L1+L2+L3-2×$外皮差值23
(L1, L3, L4, K1, K2, L2 形状)	$L1+L2+L3+2×L4-4×$外皮差值24
(L1, L2, K2, K1, L4, L3 形状)	$L1+L2+L3+L4-2.703d-2×$外皮差值34

续表

简　图	计算公式
(图)	$L1+L2+L3+L4+2\times L5-2.703d-4\times$外皮差值 45
(图)	$2\times L1+2\times L2+2\times L3+L4-2\times 2.703d-4\times$外皮差值 34
(图)	$L1+L2+L3+L4+L5+2\times L6-2\times 2.703d-4\times$外皮差值 36

外皮差值查附表-1及相应的差值表。

非框架 HPB235 级钢筋下料长度计算　　　附表-3

单位：mm

$R=1.25d$

简　图	计算公式
(图)	$L1+2\times L2$
(图)	$L1+L2+2\times L3-1.751d$
(图)	$L1+L2+2\times L3+L4-2\times 1.751d$
(图)	$L1+L2+2\times L3+L4-2\times$外皮差值 14
(图)	$L1+L2+L3+2\times L4+L5-1.751d-2\times$外皮差值 35
(图)	$2\times L1+2\times L2+L3+2\times L4-4\times$外皮差值 34
(图)	$L1+2\times L2+L3+2\times L4+2\times L5-1.751d-4\times$外皮差值 35
(图)	$L1+L2+L3+2\times L4+L5+L6+2\times L7-2\times 1.751d-4\times$外皮差值 37

外皮差值查附表-1及相应的差值表。

过梁等 HPB235 级钢筋下料长度计算

附表—4

单位：mm
$R=2.5d$

序号	简图	计算公式
1		$L1+L2+L3+L4+L5+L6-5\times 2.288d$
2		$L1+L2+(L3-d)/2\times\pi+L4+L5+L6+L7-4\times 2.288d-L3$
3		$2\times L1+L2+L3+L4+L5+L6+L7-5\times 2.288d$
4		$L1+L2+L3+L4+L5+L6-5\times 2.288d$
5		$L1+L2+L4+(L3-d)/2\times\pi-2.288d-L3$
6		$L1+L2+L3+L4+L5-4\times 2.288d$
7		$L1+L2+L3-2.288d-$外皮差值 23
8		$L1+L2+L3+L4-2\times 2.703d-$外皮差值 34
9		$L1+L2+L3+L4-2\times 2.288d$
10		$L1+L2+L3+L4-2.703d-$外皮差值 14$-$外皮差值 42

外皮差值查附表—1 及相应的差值表；序号 2、序号 5 的 L2 和 L4，均包含圆弧外缘。

关于序号 7，求其 L2 与 L3 夹角的外皮差值时，以 L2 为原位，L3 是 L2 转了一个角度后的位置。设 $k1/k2=0.577$，查附表—1A，则对应的角度为 30°。但是，这里需要的，是它的余角——60°。再查附表—1C，外皮差值 7 $=0.9d$。

关于序号 8，求其 L3 与 L4 夹角的外皮差值时，以 L3 为原位，L4 是 L3 转了一个角度后的位置。这时注意，把这个角度看成是由两个角度合成的。即 90°加一个 k2 与 L4 所夹的角度。设 $k1/k2=0.577$，查附表—1A，则对应的角度为 30°。查附表—1C，则对应的外皮差值$=0.305d$。这样一来，外皮差值 8 $=$ 90°外皮差值$+$30°外皮差值
$$=2.288d+0.305d$$

关于序号 10，有两个任意角度：L2 与 L4 的夹角；L4 与 L1 的夹角。先计算 L2 与 L4 夹角的外皮差值 42。外皮差值 42 是由 90°外皮差值和剩下的角度差值构成。设 $k1/k2=1.732$，查附表—1A，则对应的角度为 60°。用其余角 30°。这样一来，

外皮差值 42 $=2.288d+$30°外皮差值
$$=2.288d+0.305d$$

L4 与 L1 的夹角为 60°，查附表—1C，60°外皮差值$=0.9d$，也就是外皮差值 14。

埋件等 HPB235 级钢筋下料长度计算

附表一5

单位：mm

$R=2.5d$

序 号	简 图	计算公式
1		$2\times L1+2\times L3+(L2-d)/2\times \pi -L2$
2		$2\times L1+2\times L3+2\times L4+(L2-d)/2\times \pi -2\times 2.88d-L2$
3		$2\times L1+L2+2\times L3-2\times 2.288d$
4		$L1+2\times L2+2\times L3-4\times 2.288d$
5		$2\times L1+2\times L3+(L2-d)/2\times \pi -2\times 2.288d-L2$
6		$2\times L1+2\times L2+L3-4\times 2.288d$
7		$2\times L1+2\times L2+L3-2\times 2.288d$
8		$L1+L2+L3+L4-2\times 2.288d$
9		$2\times L1+L2+2\times L3+2\times L4-2\times 2.288d-2\times$外皮差值14

外皮差值查附表—1 及相应的差值表；序号 1、2、5 的 $L1$，均包含圆弧外缘。

关于序号 9，求其 $L1$ 与 $L4$ 夹角的外皮差值时，以 $L1$ 为原位，$L4$ 是 $L1$ 转了一个角度后的位置。设 $k1/k2=0.577$，查附表—1A，则对应的角度为 $30°$。查附表—1C，则对应的外皮差值 $L4=0.305d$。

楼梯梁板 HRB335 级钢筋下料长度计算

附表一6

单位：mm $R=2d$

序号	简图	计算公式
1		$L1+L2+L3+L4+L5-2\times 2.073d-$外皮差值 35$-$外皮差值 45
2		$L1+L2+L3+L4+L5-2\times 2.073d-$外皮差值 35$-$外皮差值 25
3		$L1+L2+L3+L4-2.073d-$外皮差值 41

外皮差值查附表一1及相应的差值表。

关于序号 1，求其 $L3$ 与 $L5$ 夹角的外皮差值时，以 $L3$ 为原位，$L5$ 是 $L3$ 转了一个角度后的位置。设 $k1/k2=0.577$，查附表一1A，则对应的角度为 30°。查附表一1C，则对应的外皮差值 35$=0.299d$。

同样，外皮差值 45$=0.299d$。

关于序号 2，求其 $L2$ 与 $L5$ 夹角的外皮差值时，以 $L2$ 为原位，$L5$ 是 $L2$ 转了一个角度后的位置。设 $k1/k2=1.732$，查附表一1A，则对应的角度为 60°。用其余角 30°，查附表一1E，则对应的外皮差值 25$=0.299d$。

求外皮差值 35。设 $k1/k2=0.577$ 查附表一1A，则对应的角度为 30°。以 $L3$ 为原位，$L5$ 是 $L2$ 转了一个角度后的位置，即 90°$+$30°。查附表一1E，则外皮差值 35$=2.073d+0.299d$。

关于序号 3，求其 $L1$ 与 $L4$ 夹角的外皮差值时，以 $L1$ 为原位，$L4$ 是 $L1$ 转了一个角度后的位置。设 $k1/k2=0.577$，查附表一1A，则对应的角度为 30°。查附表一1E，则对应的外皮差值 41$=0.299d$。

配件中 HPB235 级钢筋下料长度计算

附表一7

单位：mm $R=2.5d$

序号	简图	计算公式
1		$L1+2\times L2+2\times L3-2\times$外皮差值 23$-2\times 2.288d$
2		$L1+2\times L2+2\times L3-2\times$外皮差值 23$-2\times 2.288d$
3		$L1+2\times L2+2\times L3-2\times$外皮差值 12$-2\times$外皮差值 23
4		$L1+L2+L3+L4-2\times 2.288d-$外皮差值 34

续表

序号	简图	计算公式
5		$L1+2\times L2+L3+L4-2.288d-$外皮差值 34
6		$L1+L2+L3-2.288d-$外皮差值 23
7		$L1+L2+L3-$外皮差值 12
8		$L1+L2+L3+L4-2.288d-$外皮差值 31

配件中 HPB235 级钢筋下料长度计算

附表—8

单位：mm $R=2.5d$

序号	简图	计算公式
1		$2\times L1+L2+2\times L3+L4-2\times 2.288d$
2		$L1+L2+L3-2.288d$
3		$L1+L2+L3+L4-2\times 2.288d$
4		$2\times L1+2\times L2-2\times$外皮差值 12
5		$L1+2\times L2-2\times$外皮差值 12
6		$L1+2\times L2-2\times$外皮差值 12
7		$L1+2\times L2-2\times$外皮差值 12
8		$L1+2\times L2+2\times L3-2\times$外皮差值 12

附 录 2

柱箍筋的诺模图算法

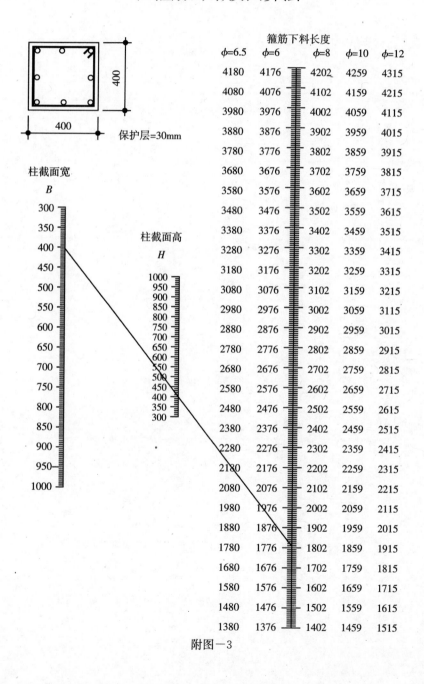

附图－3

利用诺模图计算柱箍，非常简单。如果已知柱截面 $B=400$，$H=400$，箍筋直径为 6mm，求箍筋的下料长度。

解：

从 B 线上 400 起引线，通过 H 线上 400，直达箍筋下料长度线即答案——1776mm。

附 录 3

与本书有关的软件介绍

本书是笔者在开发《平法框架钢筋自动下料计算》和《平法剪力墙钢筋自动下料计算》两部软件过程中积累的科研资料基础上，经过再一次加工，纂写而成。该两部软件是 2004 年国家扶持和拨款资助的高新技术开发项目。软件在操作时，具有亲和性，计算简单易行。计算钢筋的加工尺寸和下料尺寸时，只需要把图纸上的相关数据输入到相应的文本框中，点击"计算"命令按钮，立刻在屏幕的表格中，显示出钢筋各个部位的加工尺寸、下料长度、数量、总长度和总重量等。此时，再按"预览"命令按钮时，马上又以"报表"形式再次显示出计算结果表格和相关施工参考图，可以打印出来，既可做施工工艺卡，令施工人员有规格可循，又可做技术文件存档。实现用现代化手段提高工作效率、提高尺寸准确性、保证工程质量，避免浪费和降低成本。《平法框架钢筋自动下料计算》和《平法剪力墙钢筋自动下料计算》两部软件，由哈尔滨鹏达科技开发有限公司销售（地址：哈尔滨高新开发区科技公寓 405 栋 7 号门市；网址：hrbtiande.com；E-mail：master@hrbtiande.com；电话：0451—2363356；传真：0451—2363356；手机：13303608715。

以书中的第六章悬挑梁为例，来看软件如何实现极其快速地钢筋下料计算的。参见【例 6-1】的题设数据，计算悬挑梁的箍筋。由于悬挑梁是变截面，因而，箍筋的高度也变化的。传统的手算，书上看也有六、七页，最快也得两三个小时。如果用《平法框架钢筋下料计算》软件计算时，敲键盘输入数据只需 18 秒，计算只需 2 秒钟，就可以把 15 个大小不同的箍筋同时计算出来。工作效率提高约 450 倍。当点击"预览"按钮时，立刻显示出"悬挑梁的箍筋下料计算及参考图"的表格及其说明图。它是真正用于施工现场的加工和下料的明细表。它很快就可以从打印机里打印出来。既可以做为加工下料的依据，又可以做为技术档案，一改过去钢筋工序的粗放管理模式。设计图上给出的箍距，有时受边界尺寸的限制而不能满足。这时，软件则自动调整。如本题箍的实际间距，由 200 调整为 192.85；从而邻箍间的高度差为 12.857。这两个数据，在计算过程中已经显示出来了。值得指出的是，靠后面的箍筋数据与书中数据有一点差别。这是因为计算机是累计小数计算；而手算是四舍五入，故而如此。

悬挑梁箍筋下料计算及参考图

附表一9

工程名称：和谐嘉园　　图纸编号：结构-12　　构件名称：XTL-A

简图	钢筋名称	钢筋编号	钢级	直径	L1	L2	L3	L4	下料长度	数量	总长度(m)	总重量(kg)
L4 L1 L3 L2	箍筋	①	I	6.0	447	250	549	352	1592	1	15.920	3.51
L4 L1 L3 L2	箍筋	②		0.0	434	250	536	352	1566		15.660	3.45
L4 L1 L3 L2	箍筋	③		0.0	421	250	523	352	1540		15.400	3.40
L4 L1 L3 L2	箍筋	④		0.0	408	250	510	352	1514		15.140	3.34
L4 L1 L3 L2	箍筋	⑤		0.0	395	250	497	352	1488		14.880	3.28
L4 L1 L3 L2	箍筋	⑥		0.0	382	250	484	352	1462		14.620	3.22
L4 L1 L3 L2	箍筋	⑦		0.0	370	250	471	352	1437		14.370	3.17
L4 L1 L3 L2	箍筋	⑧		0.0	357	250	459	352	1412		14.120	3.11
L4 L1 L3 L2	箍筋	⑨		0.0	344	250	446	352	1386		13.860	3.06
L4 L1 L3 L2	箍筋	⑩		0.0	331	250	433	352	1360		13.600	3.00
L4 L1 L3 L2	箍筋	⑪		0.0	318	250	420	352	1334		13.340	2.94

续表

简图	钢筋名称	钢筋编号	钢级	直径	L1	L2	L3	L4	下料长度	数量	总长度(m)	总重量(kg)
L4 L1 L3 L2	箍筋	⑫		0.0	305	250	407	352	1308		13.080	2.88
L4 L1 L3 L2	箍筋	⑬		0.0	292	250	394	352	1282		12.820	2.83
L4 L1 L3 L2	箍筋	⑭		0.0	280	250	381	352	1257		12.570	2.77
L4 L1 L3 L2	箍筋	⑮		0.0	267	250	369	352	1232		12.320	2.72

参考图例

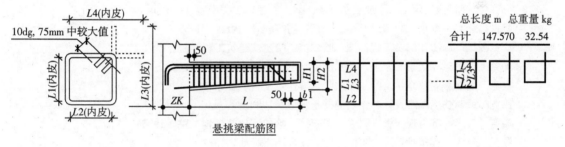

悬挑梁配筋图

总长度 m　总重量 kg
合计　147.570　32.54

参 考 文 献

1 中华人民共和国建设部. 混凝土结构设计规范（GB 50010—2002）. 北京：中国建筑工业出版社，2002

2 中国建筑标准设计研究所主编. 混凝土结构施工图平面整体表示方法制图规则和结构详图 03G101—1. 北京：中国建筑标准设计研究所，2003

3 中华人民共和国原城乡建设环境保护部. 混凝土结构工程施工及验收规范（GB 50204—92）. 北京：中国建筑工业出版社，1997

4 中华人民共和国国家标准. 混凝土结构工程施工质量验收规范（GB 50204—2002）. 北京：中国建筑工业出版社，2002

5 高竞. 建筑工人速成看图. 哈尔滨：黑龙江人民出版社，1955

6 高竞. 建筑工人速成看图讲授方法. 哈尔滨：黑龙江人民出版社，1956

7 高竞. 钢结构简明看图. 哈尔滨：黑龙江人民出版社，1958

8 高竞，穆世昌. 看图. 哈尔滨：黑龙江人民出版社，1958

9 高竞. 怎样讲授建筑工人速成看图挂图. 北京：建筑工程出版社，1959

10 穆世昌译，高竞校. 制图习题集. 北京：高等教育出版社，1959

11 高竞主编. 画法几何及工程制图. 哈尔滨：哈尔滨建筑工程学院，1978

12 高竞. 连续运算诺模图原理. 哈尔滨：哈尔滨建筑工程学院，1980

13 高竞. 土建作业效率学. 哈尔滨：哈尔滨建筑工程学院，1983

14 高竞. 最新快速图解设计—钢筋混凝土部分，1983

15 高竞. 技术经济与现代管理科学. 哈尔滨：哈尔滨建筑工程学院，1985

16 高竞. 建筑工程概预算. 哈尔滨：黑龙江人民出版社，1987

17 高竞，高韶萍，高克中. 建筑工程原理与概预算. 北京：中国建筑工业出版社，1989

18 高竞，高韶君，高韶明. 怎样阅读建筑工程图. 北京：中国建筑工业出版社，1998

19 高竞. 平法框架钢筋下料计算（软件）. 哈尔滨：哈尔滨鹏达科技开发公司，2004

20 高竞. 平法剪力墙钢筋下料计算（软件）. 哈尔滨：哈尔滨鹏达科技开发公司，2004

21 高竞. 普通钢筋自动下料计算（软件）. 哈尔滨：哈尔滨鹏达科技开发公司，2004

22 高竞. 非矩形箍筋自动下料计算（软件）. 哈尔滨：哈尔滨鹏达科技开发公司，2004

23 高竞. 平法筏形基础钢筋下料计算（软件）. 哈尔滨：哈尔滨鹏达科技开发公司，2005

24 高竞. 平法板式楼梯钢筋下料计算（软件）. 哈尔滨：哈尔滨鹏达科技开发公司，2005

25 高竞. 平法框架梁图纸解读（软件）. 哈尔滨：哈尔滨鹏达科技开发公司，2005